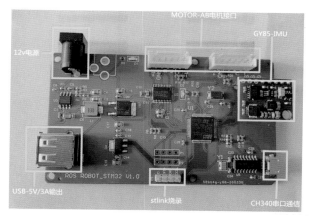

图 2-20　PCB 驱动板

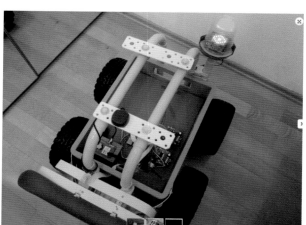

图 2-22　改造的 BigBot 机器人

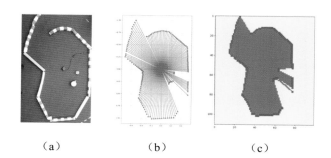

（a）　　　　　　　（b）　　　　　　　（c）

图6-7　激光雷达扫描图

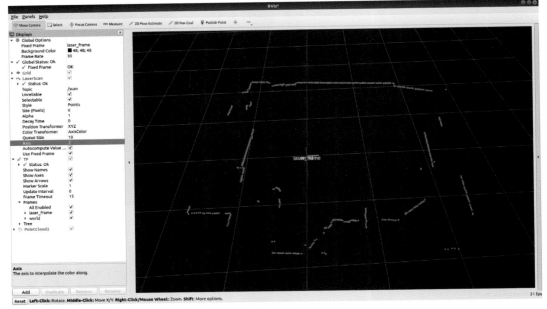

图 6-8 rviz中展示的激光雷达扫码地图

（a）激光雷达工作图

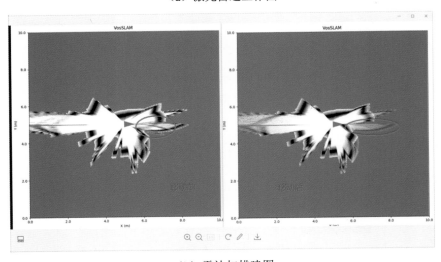

（b）雷达扫描建图

图6-11 激光雷达工作和扫描建图

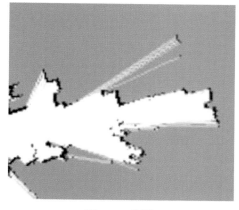

图 8-3　建图

图 8-4　基于 3 面超声波雷达建图

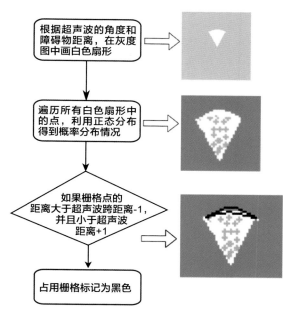

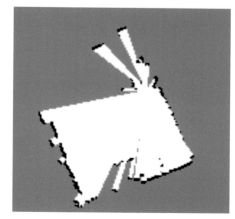

图8-10　建图步骤说明图（图中用颜色表示正态分布情况）

图 8-11　激光雷达栅格建图效果

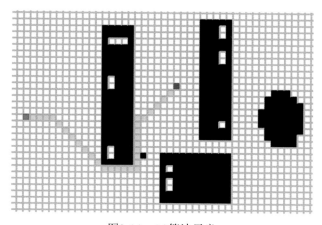

图8-14　A*算法示意

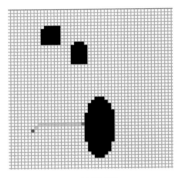

（a）原图　　　　　　　　（b）效果图

图8-17　原图与效果对比

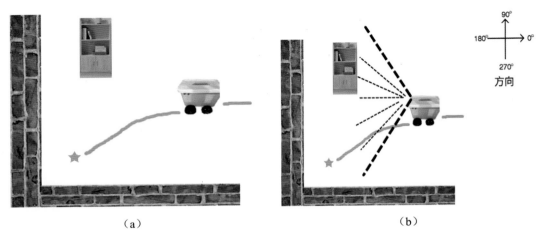

（a）　　　　　　　　　　　　　　　　（b）

图8-24　场景示意图

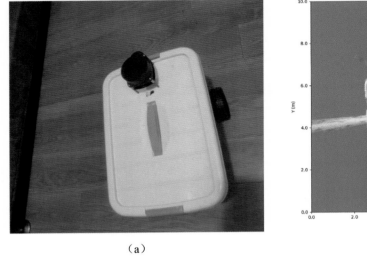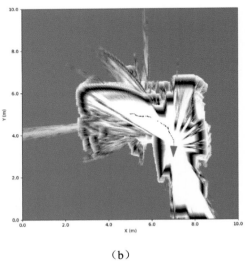

（a）　　　　　　　　　　　　　　　　（b）

图11-5　效果图

轮式自主移动机器人

—— 编程实战 ——

李德 ◎ 编著

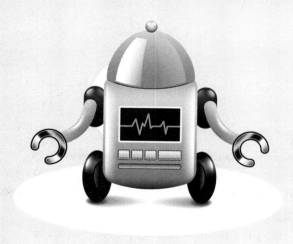

清华大学出版社

北京

内 容 简 介

如果你想 DIY 一款轮式自主移动机器人，又不知道如何实现，本书可能会帮到你。

本书系统讲解轮式自主移动机器人如何从 0 到 1 实现自主运动。以树莓派和 STM32 单片机为例，详细介绍轮式机器人的硬件结构，包括驱动控制器的搭建、中央处理器的选型开发、滤波算法、平面地图构建算法、规划算法、导航算法、室外 GPS 定位实战案例（异地远程控制和地图路径规划等）、室内 BreezySLAM 建图案例、ROS 开发案例等，以及自主移动机器人和无人车驾驶的基本实现原理，都能在本书中找到答案。本书还提供开放的云平台路径规划，可在农田、工业园区巡检、物流送货等场景测试。

本书可作为高等院校物联网、机器人、计算机、通信、电气及自动化等专业的教材，也可作为计算机、电子及智能车设计竞赛的自学或培训教材，还可供各类电子工程、自动化技术人员和计算机爱好者学习参考。

图书在版编目（CIP）数据

轮式自主移动机器人编程实战 / 李德编著. —北京：清华大学出版社，2022.8 (2024.2 重印)
ISBN 978-7-302-61322-0

Ⅰ. ①轮… Ⅱ. ①李… Ⅲ. ①移动式机器人—程序设计 Ⅳ. ①TP242

中国版本图书馆 CIP 数据核字(2022)第 122351 号

责任编辑：袁金敏
封面设计：杨玉兰
责任校对：徐俊伟
责任印制：曹婉颖

出版发行：清华大学出版社
    网　　址：https://www.tup.com.cn，https://www.wqxuetang.com
    地　　址：北京清华大学学研大厦A座　　　　邮　　编：100084
    社 总 机：010-83470000　　　　　　　　邮　　购：010-62786544
    投稿与读者服务：010-62795954，jsjjc@tup.tsinghua.edu.cn
    质 量 反 馈：010-62772015，zhiliang@tup.tsinghua.edu.cn
印 装 者：天津安泰印刷有限公司
经　　销：全国新华书店
开　　本：185mm×260mm　　印　张：16　　插 页：2　　字　数：346千字
版　　次：2022 年 9 月第 1 版　　印　次：2024 年 2 月第 2 次印刷
定　　价：59.80元

产品编号：094834-01

· 前言 ·

背　　景

"仙侠"剧中的御剑飞行，剑就像拥有灵魂一样，能自行飞到任何地方。也许，我们很难造出一把神剑，但是我们却可以造出一辆"指哪去哪"的自主移动机器人。本书更像一本"失传已久"的武功秘籍，带你系统学习如何搭建轮式自主移动机器人（文中简称轮式机器人）。

10 年前我还是大学生，为了参加全国电子专业人才设计与技能大赛，白天在图书馆一笔一画地抄代码（为了增强理解，将代码抄到本上），晚上到实验室做验证实验，尽管那时候还年轻，精力旺盛，但还是累坏了，尤其是搜索不到感兴趣的智能车制作系列，那段时期过后，感觉像是灵魂出了窍，轮胎放了炮，很久没有精气神。毕业后，在电子、计算机相关行业工作了近 10 年，通过不断地学习新知识，借助博客和机器人爱好者分享互动等，我对机器人的理解有了一个质的变化，机器人不再是简单的机器人，而是具有自主意识的机器人。后来，众多的网友咨询和鼓励我将博客上的这些技术文章整理成书，经过一年的辛苦整理，终于有了您面前的这本书。

本 书 内 容

本书囊括了约 20 种算法，仿真实验 23 次，真车实验上百次，可展示的实验数据和配图几百张，是真正意义上的以实验数据为导向、以调试分析为原则的作品。

本书分为三部分，第 1～3 章为基础知识部分，介绍机器人的基础知识，包括轮式机器人的底盘结构、驱动结构、开发软件、通信协议等。第 4～9 章为技术提升部分，涉及内容较多，每章内容都是由浅入深、循序渐进，机器人涉及的核心和关键知识皆有提及，包括建图、路径规划、导航避障等。该部分反复强调"避障需有图"的原则，讲解常见的算法并编写代码进行验证。本部分的特色在于将云平台融入机器人系统，实现异地远程控制、地图路径规划等。第 10～12 章为实战案例部分，介绍云平台的相关使用说明、室内建图机器人、ROS 的搭建和节点开发，是对前 9 章知识的总结和验证。

案　　例

本书涉及的开发语言有 C/C++、Python、JavaScript、HTML、Shell 等。书中案例主要使用 C/C++ 和 Python 编写，其中，使用 C/C++ 编写的程序全部在 Ubuntu 18.04 版和树莓派 Raspbian 系统中编译通过，Python 程序支持 Python 2.7 和 Python 3.x，书中的原理图和代码可以扫描本书封底的"案例源代码"二维码下载。

致　　谢

感谢河北科技师范学院包长春教授对我参赛时的帮助以及写书时的支持！

感谢北京理工大学赐予我"德以明理、学以精工"的治学理念！

感谢我的父母将我养育成人，感谢我的兄长、亲戚、朋友们的支持。

感谢我的爱人杨雪娜在怀孕至哺乳期对娃儿的悉心照料，我才能静心写作，顺利交稿，感谢！

感谢清华大学出版社这个大舞台能让我发光！

感谢网友和同事们的支持！感谢开源作者！

最后，感谢博客上的所有读者，是你们的期待让我动力十足！

本书难免有疏漏和不足之处，恳请各位同行和读者批评指正。

特别感谢奥松机器人于欣龙、吴朝霞、安丽丽、刘金雷、Eric、王航、林瑞和、李杉、李晓波、贾明华、王兴兴、吴功富、田松召、李歌、王淑芹提出的针对性的建议，以及对部分源代码的审核等帮助。

个 人 寄 托

在编写此书的过程中，查阅了大量的文献，比较有感触的是大部分的知名算法是由国外学者发明，并以他们的名字或者规则命名，希望今后有更多的知名算法能来自国内的学者，并且以他们的姓名或者定义的规则命名，让国内的算法百花争艳！

愿读者在本书的帮助下快速实现自己的自主移动机器人。

愿智能机器人和无人驾驶技术进一步发展，实现更大价值！共勉！

交　　流

由于编者水平有限，书中难免存在疏漏之处，希望读者指出书中不足，共同进步。

李德

2022 年 3 月于北京

· 目录 ·

第1部分　基础知识

第 1 部分
基 础 知 识

第 1 章　轮式机器人的基础知识

近年来，越来越多的企业和学校开始注重机器人研究。工业机器人、服务型机器人、特种机器人都出现了小规模的"井喷式"发展，新一代人工智能的进步将给机器人行业带来天翻地覆的变化。

1.1　轮式机器人的定义与应用

顾名思义，轮式机器人是指以轮子的形式运动的机器人，相对于人形机器人，其结构更易设计，稳定性更强，应用场景更广。轮式机器人发展到今天，已经有很多的产品出现在大众视野中，酒店和饭店里的送餐、送货、引导机器人，机关单位大厅的办事引导机器人，家庭常用的扫地机器人，大街上的外卖机器人等，如图 1-1 ～图 1-3 所示。

图 1-1　酒店送餐机器人　　图 1-2　酒店入住引导机器人　　图 1-3　扫地机器人

2019—2021 年，涌现了一批户外消毒机器人和巡检机器人，使机器人几乎成为行业热点。随着老龄化趋势日益加剧，将有一批"新生代机器人"服务于养老行业。机器人行业的人才紧缺，也是近年招聘中出现的难题。

对于轮式机器人，其技术实现原理大同小异，其中定位导航技术是关键。机器人集成了众多传感器、激光雷达、超声波、红外、视觉摄像头、里程计等，通过算法将这些硬件融合到一起，才能实现智能的机器人。

通常户外泥地、沙地、山地机器人使用履带式底盘，室内使用轮式机器人。常用两轮驱动＋万向轮、四轮驱动等底盘。机器人感知周围环境依赖激光雷达或者视觉摄像头构建地图，实现实时建图和定位（SLAM），并根据规划好的路线，基于地图数据实现自主路径规划及导航功能。通过雷达和避障算法规避障碍物，遇到边缘、台阶便通过红外传感器防止跌落。

1.2　轮式机器人的结构

本节介绍一个简单的轮式机器人的构成。轮式机器人由一个底盘和若干个轮胎通过车轴和螺丝固定在一起。当然，如果所有的轮式机器人都是这样的结构，那么轮式机器人是没有灵魂的。为什么这么说呢？因为这种结构的轮式机器人，不能实现前进、后退和转向操作。除此之外，轮胎和底盘之间需要一个金属连接轴实现轮胎的转动，实现金属连接轴的固定和转动的部分称为轴承，如图1-4所示。

图1-4　轴承示意图

有了轴承，当用力推动底盘时，轮胎才会转动。实际上，在轮式机器人中，电动机已经包含了轴承。给电动机提供一个合适的电压，随着电流流过电动机的线圈，中间的金属轴便会转动，然后带动轮胎转动。要搞清其中复杂的原理和控制方法，通常需要一位本科为电动机专业的学生学习1、2年的相关专业课程，故上述只是简单介绍。

对于初学者，以下几个问题需要弄明白：

（1）机器人的轮子是如何被电动机驱动的？

（2）机器人的两个轮子和电动机轴的连接关系如何？

（3）如何控制电动机正、反转？

（4）如何控制电动机调速？

（5）如何控制机器人走直线？

（6）如何控制机器人转弯？或以特定角度转弯？

（7）PID调速控制算法是什么？

（8）单片机直接控制电动机吗？

这些是非常基础的问题，前几个问题会在下节讲述。本书会用大量篇幅讲解一些比较复杂的问题，例如，

（1）机器人如何自主寻找路径？

（2）机器人如何沿着路径行驶？

（3）机器人如何在行使过程中避障？

……

针对第一个问题（机器人的轮子是如何被电动机驱动的），目前电动机和轮胎一般通过减速齿轮连接，这样的好处是可以将扭矩增大，也就是所说的动力会增强。如图1-5所示，伸长的部分（伸出的轴和贴有白色标签的部分）是减速电动机，里面是齿轮。仔细观察会发现，电动机的一端有安装固定用的螺丝孔，通过这些螺丝孔是可以安装到车体上。

图1-5　带减速器的电动机

针对第二个问题（机器人的两个轮子和电动机轴的连接关系如何），两个轮胎如果不用电动机驱动，机器人是没有动力的，所以电动机一般通过联轴器和轮胎连接。图1-6中间的管状器件为金属联轴器，其一端为六角形，另一端由螺丝通过圆孔来固定金属连接轴。

组装好的轮胎电动机套装如图1-7所示。到此为止，读者已经了解了电动机和轮胎的驱动连接关系，DIY机器人的基础已经有了。

图1-6　使用联轴器连接电动机和轮胎　　　　　图1-7　联轴器套装

针对第三个问题（如何控制电动机正、反转），这其实与电动机有关，前面讲解的是直流有刷电动机，一般用两根线就可以驱动电动机运转起来。假如定义电动机的两根线为A线和B线，将A线和电源正极连接，B线和电源负极连接，如果电动机顺时针旋转即为正转，逆时针旋转为反转。

针对第四个问题（如何控制电动机调速），如何调速也与电动机特性有关，当电动机朝某一个方向转动时，若加载在电极上的电压越来越大，速度就会越来越大，后面会讲解如何用PWM的方法实现调速。

其他几个问题会在后面的章节中逐步介绍。

1.3　机器人的驱动方式

电动机是将电能转换成动能的一种电磁装置。

电动机根据不同标准可以划分为很多类。例如，可分为交流、直流电动机，有刷、无刷电动机，单相和多相电动机等，图1-8所示为直流电动机。在本书中，不会接触太复杂的电动机。在弱电领域中，会用到常见的直流电动机。

图1-8　直流电动机

电动机是一种电磁装置，在电动机的金属壳中会有两片半圆的磁铁贴合在电动机金属壳内壁。有的读者可能会感到奇怪，为什么这里会提到电动机内部的构造呢？

实际上电动机的磁性是可以影响到后期指南针电子罗盘系统设计的，因此电子罗盘的位置不能离电动机太近，否则测量不准确。

接下来做一个简单的实验对这个问题进行验证。准备两部智能手机，打开手机自带的电子罗盘功能，每部手机经过画"8"字校准后，可以看到指南针的指示方向几乎一样，如图1-9所示。

若将一个直流电动机放到手机旁边，可以明显看到其中一部手机受到干扰，提示重新校准，如图1-10所示。

图1-9　正常显示的指南针　　　　　　图1-10　受干扰的指南针

电动机的转子（图1-11）是由漆包线（材质一般为铜）按一定的顺序和匝数缠绕而成的，电流经过线圈时产生的磁场和电动机本身自带磁铁的磁场，会产生异性相吸，同性相斥的物理作用。这里的关键是铜线是一种感性材料，电流经过时产生的电动势会阻碍电流的经过，这也是电动机不能直接与控制器（单片机）的IO引脚直接连接的原因。因为电动势很大时，会反向击穿IO引脚，烧坏单片机控制器，所以单片机控制器与电动机之间要用专用的电动机驱动模块，这也是问题（单片机能直接控制电动机吗）的答案，本书会介绍L298N和TB6612FNG两种驱动模块。

图1-11　电动机转子

书中会使用GA370直流减速编码电动机作为机器人的驱动。

1.4　本章总结

本章介绍了大环境下机器人的实际应用。面对新手小白，笔者提出问题，希望读者带着这些问题阅读本书。

第 2 章　机器人的构成

本章主要介绍如何一步一步搭建机器人，从底盘设计、底盘改装、负载计算、驱动电动机选型、驱动模块选型、控制器选型、软件工具列表等方面进行说明，包括设计之初如何绕过那些深不见底的"泥坑"，如果读者有更好的想法，也不必完全按书中的套路来操作。笔者希望读者能根据这些操作得到一些启示，萌生自己的创意。本章还介绍一些经验技巧，希望能帮助读者尽快创造出自己的机器人，实现 DIY 梦想。

2.1　机器人的规划

本节主要介绍在设计轮式机器人时需要做好设计目标。例如，轮式机器人的外形、尺寸，后期是否需要自己加工外壳等。这些最好先在头脑中做好规划，或者在纸上或电脑上画图，避免有些问题想不到，导致后期设计混乱，如果要重头来会非常麻烦。同时轮式机器人具备什么样的功能，也决定了初期对电子元器件和材料的选择。下面以笔者 DIY 的实际情况为例进行讲解。

笔者在设计之前已经酝酿了半年，但忙于工作一直未落实，等到时间空余，才把所有的想法落实在纸上。

笔者用头脑风暴的方法进行描述，使用的工具为 XMind 或者 FreeMind。什么是头脑风暴呢？头脑风暴就是将你能想到的内容全部用连接符号表达在纸上，然后进行筛选、分析、规划和分类，最终得到符合自己目标的结果。

笔者想说的是，在工作中如果遇到比较好的工具，要学会利用新工具，时刻保持这种想法，能让你在工作中临危不乱，能够利用工具的人一般是比较灵活和思维活跃的人。头脑风暴是设计产品时经常用到的工具，希望读者能够花时间了解一下，例如，每天的工作可以用头脑风暴的方式表达出来。

图 2-1 是头脑风暴图的第一版。

该图是初期设计的草稿，没有分类，所以看起来很乱。这是笔者早期的想法，想做一款 GPS 定位导航机器人，后来在酝酿过程中觉得单一，又添加了其他想法和设计，例如，拍照语音识别、ROS 系统等，很多都是当下流行的设计，以便能和市场上的主流设计接轨。对图 2-1 进行整理，得到的最终结果如图 2-2 所示。

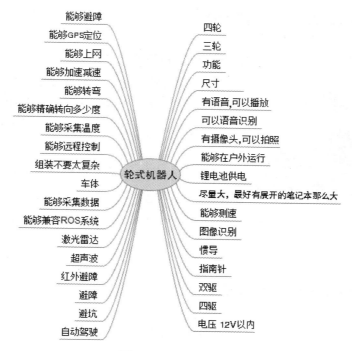

图 2-1 头脑风暴图

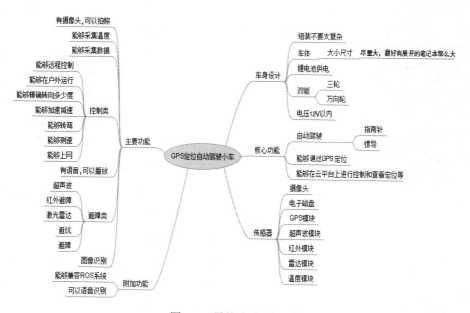

图 2-2 最终头脑风暴图

笔者将主要功能和核心功能区分开,并且添加了附加功能。除此之外,将用到的传感器一一列出,这样能一目了然。在主要功能中,又划分了控制类、避障类,目的就是将需求明确。

2.2 轮式机器人的转向结构

笔者最终选用了双驱动结构，其中两个轮子是减速驱动轮，也就是电动机输出轴通过齿轮结构箱和联轴器连接，这两个驱动轮并排在同一个轴线上，外形与生活中的三轮车相似，但笔者设计的两只驱动轮并非连接在同一个轴上。

图 2-3 轮式机器人的底盘

图 2-3 是轮式机器人的底盘，可以看到，两个电动机（图 2-3 中箭头所示）并未连接到同一个轴上。那么这种轮式机器人如何实现转弯呢？

2.2.1 轮式机器人的差速转向

差速转向结构利用两个轮子的不同速度实现转弯动作。在轮式机器人中，当两个轮子的转动速度不同时，便可以实现转向，这就要求两个轮子固定在两个电动机上。如图 2-4 所示，当 A 轮和 B 轮分别按照图中的箭头方向转动时便实现了右转弯的动作。

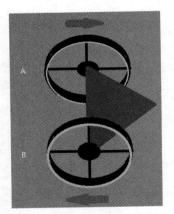

图 2-4 转弯动作示意图

这种结构很容易实现转弯，但是却有一个很明显的问题，那就是很难实现直线行驶。即两个轮子在行驶过程中很难保证速度一模一样，这样就会存在偏移误差，即使短时间内偏移误差只有 0.01°，但是随着时间积累，误差被逐步放大，偏移角度会越来越大。速度差异是由于每个电动机的参数在生产过程中因材质的批次不同，或者一些其他因素造成的，这就好比天下没有一模一样的两片叶子，所以即使用相同的电压驱动两个电动机，两个电动机的转速也不会完全一样。

笔者在实际实验中发现，给两个电动机提供相同的电压，使其运动，当运动一段距离后，会发现所走的路线是有弧度的，如图 2-5 所示。R 是弧度的半径，V_1、V_2 分别是右轮和左轮的速度，V 是向前的线速度，B 是左、右轮之间的距离。笔者采用型号为 GA370 的带编码测速的电动机，每个电动机接入约 8 V 电源（电源存在波动，实际会有偏差），通过编码器获取转速值（编码指将电动机的转速通过传感器变成可读的电压值序列，会在 2.2.4 节中讲述），最终结果如表 2-1 所示。

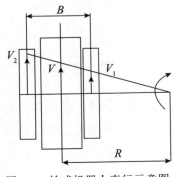

图 2-5 轮式机器人直行示意图

表 2-1　左、右编码脉冲计数对比

L 编码 / 个	R 编码 / 个	电压 /V
452	454	8.05
450	456	8.05
449	455	8.05
450	455	8.05
451	455	8.05
449	456	8.05
450	456	8.05
451	456	8.05
450	457	8.05
451	456	8.05
451	455	8.05
451	455	8.05
452	454	8.05
450	455	8.05

那么轮式机器人无法走直线的问题怎么解决？通过引入闭环控制，即找到参照物可以实现。根据轮式机器人与参照物的偏差进行修正，从而保证轮式机器人走直线。在自动控制领域，有一种控制算法叫 PID 算法，能使采样速度和设置速度无限接近。这也是 1.1 节中第 5 个问题的答案（如何控制机器人走直线）。截止到目前，本书中都是以差速转向进行讲述的。

2.2.2　轮式机器人的独立舵机转向

独立舵机转向依靠一个舵机实现转向。该舵机安装在两个轮子中间，如图 2-6 所示。

两个轮子之所以发生转向，是因为中间的舵机在转动。舵机可以旋转 180°，180° 指的是向左、向右分别旋转 90°。就像人的头部正常情况下朝向正前方，可以向左转头或向右转头。

舵机有电源线、地线以及一根信号线。舵机的中间位置定义为舵机在顺时针或逆时针方向上具有相同旋转量的位置。舵机的旋转可以由信号线上的 PWM 波实现，通过信号线上 PWM 波发送的脉冲的持续时间的不同，可以控制舵机转向不同的位置。例如，周期为 20 ms，高电平（脉冲）时间 t=1.5 ms 将使电动机从 0° 顺时针旋转 90°，这是刚才所说的中间位置。高电平（脉冲）t=0.5 ms 控制舵机恢复到 0° 位置，可以认为是从中间位置向左转了 90°。高电平（脉冲）t=2.5 ms 控制舵机以顺时针方向从 0° 转动 180°，可以认为是从中间位置向右转了 90°，如图 2-7 所示。

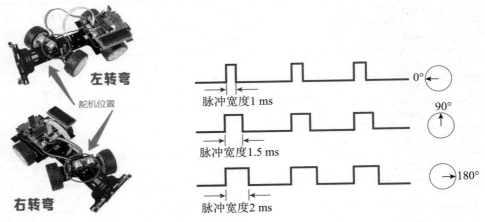

图 2-6　四轮机器人底盘　　　　　　图 2-7　脉冲示意图

目前轮式机器人中常用的舵机是 SG90 小舵机，驱动电压为 5 ~ 12 V，PWM 信号线可以直接连接单片机的 IO 引脚，不需要驱动模块，这是因为单片机的 IO 引脚和舵机的信号线连接，而不是可流过大电流（500 mA ~ 1 A）的电源线，舵机接线如图 2-8 所示。

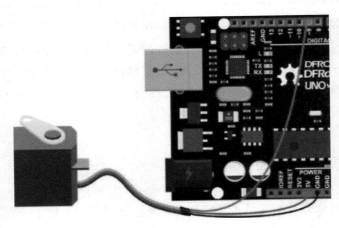

图 2-8　舵机接线示意图

在 STM32 中用代码实现舵机的转动，指令如下：

A 指令：TIM_SetCompare2（TIM3，10）; // 左旋转 90°

B 指令：TIM_SetCompare2（TIM3，20）; // 右旋转 90°

C 指令：TIM_SetCompare2（TIM3，15）; // 正前方

无论当前舵机处于什么状态，如果想让舵机朝向正前方，只需要调用 C 指令即可。

2.2.3　阿克曼转向结构

阿克曼转向结构是四轮机器人中常用的转向结构，它的特殊结构导致转弯内径 R_1 小于转弯外径 R_2，如图 2-9 所示。从图中可以看到，图中两个轮子固定在同一个金属连接轴上，每个轮子不能单独横向摆动，可以依靠控制力矩使整个金属连接轴转动，从而带动两个轮子，以旋转中心实现转弯。此类转向结构驱动轮可以是后轮，用一个电动机就可以驱动两个轮子同时转动。

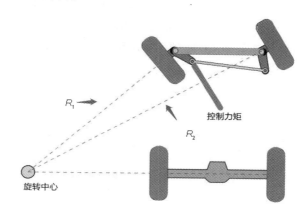

图 2-9　舵机转向示意图

2.2.4　轮式机器人转向比较

差速转向的转弯半径相对阿克曼转向可以小很多，并且只要电动机转动起来，立马可以得到航向角的变化。而舵机转向需要将传感器安装在舵机结构件上，才能知道指令发布后返回的结构，需要特殊的结构设计，转弯半径也相对较大，但是舵机的 IO 资源利用非常少，很适合四轮双驱的车体。

对于差速转向，前行速度 v 和角速度 w 不必同时存在数值。当前行速度 $v=0$，角速度 $w \neq 0$，同样可以完成原地转向。在笔者的机器人设计中，正是利用这一特性才完成的避障算法。

例如，机器人被一堵墙拦住了去路，如图 2-10 所示。差速转向机器人可以原地旋转，实现转弯动作。而阿克曼转向需要考虑转弯半径，设计算法时需要考虑转弯半径。对于阿克曼转向结构的机器人来说，要求转弯时离墙的距离更远，以免转弯时撞

图 2-10　差速转向机器人"面壁"思考

到墙上。

综上可见，差速转向的机器人的机械结构则相对简单，本书主要以差速转向结构进行讲解。

2.2.5 差速机器人里程计运动模型

2.6 节将讲解如何低成本 DIY 一个机器人，但是机器人的运动依旧需要科学地利用数学知识和运动学知识。

机器人运动学引入里程计运动模型，里程计运动模型是在基于平面的二维坐标系中，将机器人的坐标位置、航向角用数学的方法表示出来。机器人的位姿包括 x 轴坐标、y 轴坐标以及与 x 轴的夹角，可用 Pose（x，y，θ）表示，如图 2-11 所示。相关公式如下。

$$x_1 = x + d*\cos\theta$$
$$y_1 = y + d*\sin\theta$$
$$\theta_1 = \theta + w*t$$
$$v = \frac{V_R + V_L}{2}$$
$$w = \frac{V_R + V_L}{L}$$

$$(2-1)$$

其中，L 是两个轮子之间的距离，根据编码器可得到两轮的速度，可计算得到线速度 v、角速度 w、时间 d_t 内机器人的最新位置，如图 2-12 所示。

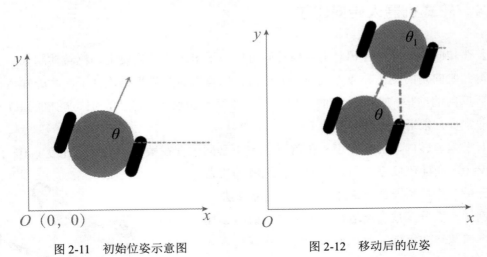

图 2-11　初始位姿示意图　　　　图 2-12　移动后的位姿

假设机器人有三个时刻，t_0、t_1、t_2，为方便计算，角度单位为 deg/s，t_0 时刻机器人上电，机器人坐标系原点与里程计坐标系原点重合，位于里程计坐标系（0，0，0）点，此时机器人以 0.2 m/s 的速度向前移动 1s。t_1 时刻机器人停止运动，此时里程计下的位姿是

（0.2，0，0）。然后机器人以 30 deg/s 的角速度旋转 1s，停止转动后里程计下的位姿是（0.2，0，30）。t_2 时刻机器人再以 0.2 m/s 的速度运行 1s，然后停止运动，此时里程计下坐标是（0.373，0.1，30）。

但在实际中，随着时间的累积，误差会增加，导致里程计的数据发生偏移，所以需要引入 IMU 传感器（陀螺仪、加速度计等）进行校正。

2.3 轮式机器人电动机的选型

2.3.1 轮式机器人：电动机性能

电动机是机器人的动力来源，驱动能力和负载能力是选型的重要参数。除此之外，电流、电压的取值也很关键。

在之前的实验中讲过，机器人选用 12 V 电池供电，所以电动机的最大电压就是 12 V。

另外，笔者 DIY 的是室外轮式机器人，室外环境复杂，道路崎岖，因此要选用扭矩大的，这样才可以适应环境。其次需要知道轮式机器人转过的角度和当前轮子的速度，所以需要带有编码测速的电动机。通过 PWM 捕获方法依次获取两个轮子的转速，再通过一定的算法得到转向的角度，具体算法将会在后面的章节中讲解。

笔者最终选定了 GA370，价格低，在市面上比较容易买到。然后根据 GA370 的轴径长度购买合适的轮胎。

笔者开发了一款用来测试底盘载重以及电动机参数配置的软件，可以根据输入的目标转速、轮胎直径等参数得到扭矩，仅供参考，读者可以扫描图书封底二维码下载，打开后界面如图 2-13 所示。

计算扭矩之前需要确定机器人的轮胎直径、总质量、摩擦因子、电动机个数。扭矩计算公式：$T = C \times mg \times R$，其中 C 为摩擦因子，mg 为机器人的质量，R 为轮子半径。单击"计算"按钮可以得到总扭矩和每个电动机扭矩（小工具中提供两种单位的显示）。一般情况下，电动机供应商提供的扭矩参数单位是 kg·cm，转换后方便对比。

例如，机器人的总质量为 8 kg，轮胎直径为 66 mm，目标速度为 0.2 ～ 0.8 m/s，要求计算出所需要的参数。

在室内的光滑地板上，地面水平，没有坡度，因此摩擦因子选 0.05，使用 2 个电动机。参考界面如图 2-14 所示。

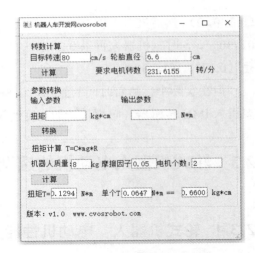

图 2-13　电动机参数测试小工具　　　　图 2-14　电动机参数计算界面示例

最终电动机转数为 231 r/min，扭矩为 0.66 ～ 1.32 kg·cm。根据实际情况，建议选择电动机时，扭矩值比理论计算值要大一些。

2.3.2　轮式机器人：GA370 电动机参数计算

GA370 电动机外形如图 2-15 所示，线序如图 2-16 所示。电动机尾端有 6 根线，从左至右分别为白线（电动机电源 −）、蓝线（编码器电源 +）、绿线（PWM 输出信号线 A 相）、黄线（PWM 输出信号线 B 相）、黑线（编码器电源 −）、红线（电动机电源 +）。红线和白线在电平上的高低转换实现电动机的正、反转。输出的 PWM 信号为方波，编码器的电源范围为 3.3 ～ 5 V。笔者所选的 GA370 电动机空载转速可达 170 r/min，减速比为 35，额定转速为 130 r/min，额定电流小于 450 mA，最大扭矩可达 2.8 kg·cm。

图 2-15　GA370 电动机外形

图 2-16　GA370 的线序（有彩图）

倍频是指将一个周期内捕获脉冲的次数加倍，在单片机 STM32 中使用定时器的脉冲计数器 TIMx_CNT 获得计数时，倍频是 $2×2=4$。第一个 "2" 是 A 相和 B 相，第二个 "2" 是上升沿和下降沿都有效。由于程序中采集的是 TIMx_CNT 的计数值，所以最好计算出 1 个 TIMx_CNT 过程中机器人前进了多少米。电动机一个计数常量走的距离是多少米？

假设电动机输出脉冲 $p=11$，单位时间 $t=0.01$ s，减速比 ratio$=35$，轮子直径 $d=0.1$ m，倍频数 Mul$=4$；电动机 A、B 相是 2 线，上升沿下降沿都检测，所以是 4 倍频，一圈 11 个脉冲，一圈的计数为 TIMx_CNT $= p×$Mul $=11×2×2=44$ 个计数。减速比 ratio$=35$，也就是轮子主轴输出 1/35 圈时为 44 个计数。车轮的周长 $S =π×d = 3.1415×0.1 = 0.31415$。因此得出一个计数内机器人移动的距离是 $s_1=πd×1/35/44=0.000203$m。机器人移动的速度 $v=s_1/t=$（$π×d/35/$ 计数）$/t$。如果单位时间 t 内采集 10 个计数，那么速度 $v=0.31415/35/10/0.01=0.0897$ m/s。

2.4 机器人的驱动模块

本节介绍如何驱动电动机，使其按照用户预期的设置转动。笔者选用了 L298N 驱动模块和 TB6612FNG 的 PCB 驱动板进行讲解。

2.4.1 驱动芯片 L298N 性能

电子模块（芯片）选型时，非常看重电气参数，包括供电电压、输出电流、控制电流、电磁兼容性等。L298N 的参数如下：

（1）驱动芯片可承受 5 ~ 46 V 的驱动电压。

（2）瞬间峰值电流能承受 3 A，持续工作电流为 2 A。

（3）额定功率 25 W、75 ℃时，芯片内部是两个 H 桥构成全桥式驱动。

（4）可驱动两个直流电动机，一台两相或者四相的步进电动机。

（5）该芯片有 15 个引脚，散热片较大。

目前最常见的 L298N 模块是立式插针，体积较大（相对于其他模块，如图 2-17 所示），由于电动机驱动时会有大量热量产生，立式方便散热。但是大多数情形下 L298N 会安装一个散热片。

图 2-17　L298N 芯片

2.4.2 驱动模块 L298N 的使用方法

笔者购买的 L298N 模块如图 2-18 所示，该模块一共有四组接线端子，其中两组用来接电动机，分别是"电动机 A 输出""电动机 B 输出"。一般的小直流电动机是两根线，没有正负，只有正转反转，也就是顺时针和逆时针转动。无论两根线怎么接，电动机都会转。但是在机器人端，为了保持一致，电动机的接线顺序要保持一致。L298N 驱动模块还有一个三位接线端子，从左到右分别是 12 V 输入、GND、5 V 输入，其中 12 V 的是给 L298N 供电，经过板子自带的 LM7805 芯片转换为 5 V，这里的 5 V 也可以作为输出使用。剩下的一组是 4 根黑色的端排针，通过杜邦

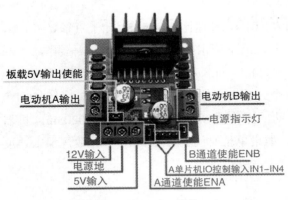

图 2-18　L298N 模块

线和单片机的 GPIO 连接，4 根端排针分别是 IN1、IN2、IN3、IN4，其中 IN1 和 IN2 控制 A 侧的电动机，IN3 和 IN4 控制 B 侧的电动机。这 4 根针的两边还有两根针，分别是 ENA 和 ENB，作为 PWM 使能（调速）引脚，一般和单片机的 PWM 输出引脚连接，通过输出 PWM 波形，调节占空比实现两路电动机的速度变换。

使用的真值表如表 2-1 所示。

表 2-1　真值表

IN1	IN2	IN3	IN4	ENA	ENB	电动机 A	电动机 B
1	0	1	0	1	1	正转	正转
0	1	0	1	1	1	反转	反转
x	x	x	x	0	0	自由	自由
0	0	0	0	1	1	制动	制动
1	1	1	1	1	1	制动	制动

注，表中 1 代表单片机输出的高电平；0 代表单片机输出的低电平；x 代表任意电平；制动状态代表刹车，禁止转动。

如果读者使用该模块连接 GA370 电动机时，需要注意，GA370 的电动机控制线（图 2-16 中的红白线）需要和 L298N 驱动模块中的"电动机 A 输出"和"电动机 B 输出"连接。但是 GA370 的电源线和 AB 相 PWM 输出信号线需要和单片机的 GPIO 口连接，如图 2-19 所示。需要另外制作连接线，不要遗漏。在实际使用中特别制作集成单片机的 PCB 板，方便快速调试。

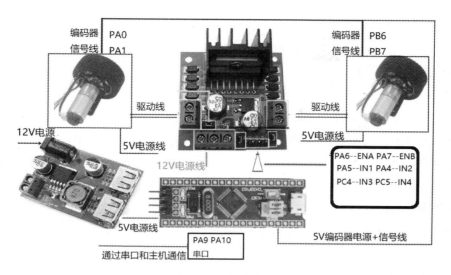

图 2-19 接线方式

2.4.3 驱动板 TB6612FNG 的使用方法

上节讲的接线方式过于复杂，所以笔者制作了 PCB 驱动板，如图 2-20 所示。笔者留出了 12V 电源、电动机 AB 接口和编码测速接口，以及和上位机进行通信的 CH340 串口等。

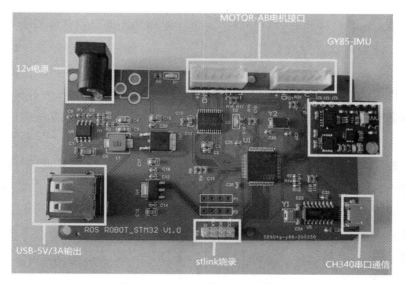

图 2-20 PCB 驱动板（有彩图）

TB6612FNG 的驱动芯片具有以下特点。

（1）每通道输出最高 1.2 A 的连续驱动电流，峰值电流可达到 2 A/3.2 A（连续脉冲 / 单脉冲）。

（2）4 种电动机控制模式：正转 / 反转 / 制动 / 停止。

（3）PWM 支持频率高达 100 kHz。

（4）支持待机状态。

（5）支持片内低压检测电路与热停机保护电路。

（6）工作温度：−20℃～ 85℃。

TB6612FNG 的主要引脚功能包括：AIN1/AIN2、BIN1/BIN2、PWMA/PWMB 为控制信号输入端；A01/A02、B01/B02 为 2 路电动机控制输出端；STBY 为正常工作 / 待机状态控制引脚；VM（4.5 ～ 15 V）和 VCC（2.7 ～ 5.5 V）分别为电动机驱动电压输入和逻辑电平输入端。

该驱动板的开发在第 4 章进行具体讲述，其资料可以扫描图书封底的二维码下载。

2.5　轮式机器人的大脑：控制器选型

一些简单的儿童玩具车基本上是装上电池打开开关就能跑，但是没有避障判断等功能，稍微复杂的加上红外传感器或者其他简单的集成电路，组成循迹轮式机器人，但是不具备可编程的单片机。儿童载人车更是依靠儿童自己进行操作，车本身不具备自主能力，更复杂的用 51 单片机编程来完成避障和循迹。对于一般学校，学生使用 51 单片机（STC 系列）或者复杂点的 STM32 实现一些如循迹类、超声波避障类的智能机器人。在选型时，主要基于要实现的功能，但是很多新手并不具备该能力，所以笔者会带着读者慢慢深入。要设计具有自主导航、定位、避障功能的自动驾驶机器人，会涉及自主导航算法、定位算法、避障算法、建图算法和路径规划等很多算法。算法需要很多数学运算（加、减、乘、除、对数、幂运算）和复杂的逻辑运算，并且需要在毫秒级别内响应，目前的 51 单片机（STC89C52）晶振为 11.0592 M，Flash 存储只有 8 KB，已经不能满足需求。笔者使用 STM32 的 ARM 单片机，结合 PID 算法完成实时任务的控制。

笔者最终选用了 STM32F103RCT6 单片机，其是一款 32 位的单片机，性能上比 51 单片机要强很多，处理速度块，内存也相对较大，具有 72 M 主频和 64 KB Flash 存储，能完成 51 单片机不能完成的任务。STM32 在工业控制中使用非常多，可替代性强，网络资源丰富，开发环境容易搭建，在逻辑控制中使用普遍，非常适合机器人设计中的底盘驱动控制。在一开始的头脑风暴图中，定义了要实现的功能，单纯的 STM32 并不能够完全满足，例如 PWM 捕获电动机速度，前面讲到 GA370 以最大转速（170 r/min）转一圈输出 PWM 脉冲 11 个。在不考虑减速比的情况下，1s 采集的脉冲数 N=170/60×11=31.16。

PWM 捕获需要开启定时器，所以定时器要以毫秒级进行一次中断。同时需要开启两路才能满足捕获。电动机调速需要 PWM 控制调速，所以需要开启两路定时器输出 PWM 来控制并调节电动机的速度。综上，一共需要 4 个毫秒级中断定时器。单纯的户外地图就需要 4 MB 多，而算法在嵌入式中多以 C、C++ 实现，避障算法、建图算法同时运行则需要几十兆内存（RAM）来处理。如果使用摄像头并处理图像，录制 2 s 小视频并上传云端，使用 4G/5G 的网络技术，运行机器人操作系统（ROS）等，则仍然需要一款比 STM32 还要强大的单片机。

使用"STM32 控制器 + 树莓派"的方案可以解决上述需求。STM32 的实时性比一般操作系统的响应要快很多，STM32 从将引脚置高到用万用表测外部引脚实际输出，只需要纳秒级时间。而在 Linux 操作系统中，从将引脚置高，需要经过用户态、内核态、底层驱动，最后到引脚寄存器，这一系列的操作至少需要 200 μs ~ 20 ms 的时间。所以 Linux 操作系统并不适合做实时性非常高的控制。例如，用树莓派的 Linux 操作系统来控制 L298N，然后以此来控制电动机，当速度非常大时，如果遇到非常紧急的情况，20 ms 的延时将可能出现不可小觑的事故。

所以，最终选择使用 STM32 做实时控制，驱动电动机运转，STM32 通过串口和树莓派相连，接收来自树莓派的指令，解析后响应动作。

那么树莓派完成哪些工作呢？需要使用树莓派联网加载第三方地图。树莓派的硬件资源很多，可以考虑用 WiFi，以及 USB 的 4G 模块，通过访问互联网加载卫星地图，这样可以通过 GPS 实时定位。接下来完成 VFH（Vector Field Histogram）和 DWA（Dynamic Window Approach）避障算法。结合 OpenCV 完成栅格建图算法。摄像头的图像采集、处理以及识别可以用 Linux-OpenCV 库实现。

GPS 的卡尔曼滤波、IMU 的 EKF 滤波都可以同时在树莓派的 Linux 操作系统中完成，并且 ROS KINECTIC 是基于 Ubuntu 18 搭建，树莓派的 Linux 操作系统也可以实现。

通过本节内容，基本可以确定控制器用 STM32+ 树莓派的形式了。

2.6　轮式机器人底盘 DIY

实际设计中，底盘的选择很重要，好的底盘需要花费上千元。本节内容主要介绍如何发挥创客的 DIY 精神，笔者提供了两种实现方法，既能满足功能需求，又节省费用。

2.6.1　DIY 的两种方法

第一种方法是设计平面底盘法。

首先确定底盘需要的材质。这里介绍两种材质，一种是亚克力板，一种是铝合金板，这两种板子的厚度不同，例如亚克力板有 3 mm、5 mm、7 mm 等。笔者选用的是 3 mm 亚克力板价格便宜，但缺点是板子很脆弱。该种方案的费用在 150 元内。

当然不管用什么材质，目的是设计出合适的尺寸，所以需要使用一款软件进行构图。笔者选用 Altium Designer 电路图设计软件设计二维的外形尺寸图，并把要打孔的位置、孔径大小详细标出来。这是很不专业的做法，因为没有 AutoCAD 设计软件好用，幸运的是定制亚克力板的商家可以协助更改，初学者可以不使用这些复杂的软件工具，用铅笔在纸上画张草图，然后交给设计人员，由他们转换成电子图纸。笔者设计的板子尺寸是 278 mm×202 mm，如图 2-21 所示，读者可以参考。

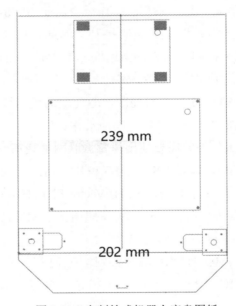

图 2-21　自制轮式机器人底盘图纸

该图纸可扫描本书封底的二维码下载。这款图纸非常简单，这样的亚克力板总共做了 10 个，每块 14 元。这个板子包含电动机的安装位置、万向轮的安装位置、超声波探测器的安装位置。

需要特别注意的是，设计底盘时，一定要对电动机的尺寸和电路板的尺寸了如指掌。

笔者建议，如果设计的底盘小于 A4 纸，可以打印出来，进行实际比较，这种方法也是可行的。

第二种方法，笔者借助现成的储物箱并对其进行改造。图 2-22 是网友改造的 BigBot 机器人。

图 2-22　改造的 BigBot 机器人（有彩图）

笔者在初次见到这种改装设计时，被震惊了，因为这种改造解决了很多的设计问题。例如，

（1）空间变大，可以放置很多元器件、传感器和更大体积的电池。

（2）可以防水，盖上盖子可以避免电路板外露。

（3）稳定性强，可以安装四个轮子，整体受力均匀。

（4）费用低，一个 41 cm×28 cm×23 cm 的储物箱费用才 30 元。

2.6.2　轮式机器人 DIY 改装法

着重讲述第 2 种方法。

需要准备的工具包括：卷尺、记号笔、小型手钻、直径 3 mm 钻头、直径 4 mm 钻头、直径 16 mm 钻头、41 cm×28 cm×23 cm 大小的储物箱、2 寸平底万向轮和 GA370 电动机。图 2-23 为使用的手钻与钻头，图 2-24 为储物箱。

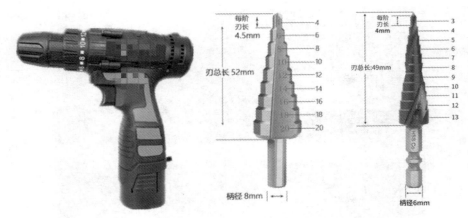

图 2-23　手钻与钻头

　　笔者设计的是差速机器人，需要安装两个电动机驱动轮和两个万向轮。通过卷尺测量出电动机支架的安装孔直径是 3 mm，然后将储物箱倒扣，在距离外边缘 3 mm 的位置打 4 个孔，如图 2-25 所示。

图 2-24　储物箱

图 2-25　安装电动机支架

　　按照上述方法总共需要打出 8 个直径为 3 mm 的孔。然后安装万向轮，同理测量出万向轮的安装孔径，笔者选择是安装孔直径为 4 mm、2 寸高的平底万向轮，如图 2-26 所示。

　　四个轮子安装好之后，储物箱的底面如图 2-27 所示。

图 2-26　安装两个万向轮

图 2-27　储物箱底面俯视图

　　DIY 是如此简单。万向轮也可以换成电动机驱动轮，这样就是"四驱"动力机器人。最后，使用直径 16 mm 的钻头，钻出超声波探测器的固定位置、激光雷达的安装位置、摄像头的位置就大功告成。读者可以发挥想象力，安装更多的传感器。

2.7 轮式机器人总结

前面已经讲解了树莓派和STM32，但是还没有涉及机器人整体的连接方式和模块之间的物理接口设计。接下来笔者将介绍整体结构框图，包括各模块的物理接口、电源输出方向，还会列举编程中使用的软件开发环境，以及各类工具等。

2.7.1 轮式机器人整体框图

基于之前的讲解，对机器人的整体硬件架构做总结，并整理出相关的接口和结构框图，如图2-28所示。

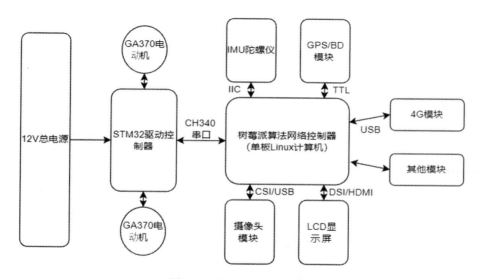

图 2-28　机器人结构框图

通过图2-28可以看到，树莓派可以完成很多工作：在通信方面，支持USB/4G网（树莓派自带WiFi通信、蓝牙通信）。利用USB转串口，可以和外设为串口的设备进行通信，如控制STM32。通过IIC读取IMU数据，获取机器人的姿态角和航向角等。通过USB转串口获取GPS模块的NMEA0813协议的经、纬度数据。

另外，系统对电源设计要求比较严格。总输入为12 V，经过降压芯片LM7805输出5 V电压，5 V电压经过降压芯片LM1117-3.3输出3.3 V电压，其中树莓派和单片机使用5 V供电。

2.7.2 轮式机器人开发中涉及的软件列表

在笔者维护的机器人技术博客网站中，有读者反馈，能否将所有用到的软件工具列出一个清单列表，方便下载软件和搭建环境。软件不能正确安装，导致很多初学者还没入门就放弃了。笔者总结了一张表格，将一些常用到的软件工具列了出来，并附带图标，如表 2-2 所示。

表 2-2　软件工具列表

工具名称	图标	说明
Keil for ARM（MDK）	Keil uVision4 应用	用于调试 STM32 的程序，Kell 4 和 Kell 5+ 都可以，注意 Kell 5+ 需要下载芯片对应的安装包
Xshell	Xshell 应用	用于连接树莓派的 Shell
Flash FXP	FlashFXP 5 应用	用于树莓派和计算机互传文件
Source Insight	Source Insight 3.5 应用	仅用于编辑和调试 C/C++ 源代码
VirtualBox	Oracle VM VirtualBox 应用	用于安装虚拟 Linux 系统
u-center	u-center_v8.20 应用	用来分析 GPS 模块的经、纬度数据
IP 扫描工具	ip扫描工具(Advanced IP Scanner)	扫描局域网内的树莓派 IP 地址
Sscom32 串口工具	sscom32.exe	用于调试 STM32 的串口指令控制等
Beyond Compare	Beyond Compare 3 应用	可以同步和比较文件

表 2-2 中的比较重要的软件会在接下来的章节进行讲解，建议读者能熟练使用这些软件。

2.8　本章总结

本章首先从机器人的整体设想到底盘结构设计讲解，接着介绍如何选择合适的底盘结构，然后介绍了自己动手 DIY 的两种底盘。最后讲解了底盘结构中选择的电动机型号和电动机的驱动方法。

第3章 轮式机器人的软件提升

通过前两章的学习，读者已经对小车的底盘结构、驱动原理、里程计模型等有所了解。本章将从机器人常用的开发语言、开发环境、编译规则、基础协议、常用算法等方面进行讲解。机器人是多学科交叉领域，需要掌握嵌入式单片机、Linux、算法等相关知识。

3.1 Keil 软件

本节讲解 Keil 软件的安装、使用技巧等。Keil 软件目前有 Keil for 51 、Keil for ARM 两种版本，Keil for ARM 也称为 MDK 版，使用 STM32 单片机开发时，需要使用 MDK 版的 Keil 软件。

3.1.1 Keil 软件的安装

目前常用的 Keil 软件版本为 Keil 5，该版本集成了 ANSI C 编译器、调试器和单片机的连接器，以及 Cortex 内核库。双击图标进行安装，图标如图 3-1 所示。

mdk517.exe

图 3-1　Keil 软件图标

进入安装界面，单击 Next 按钮，如图 3-2 所示。

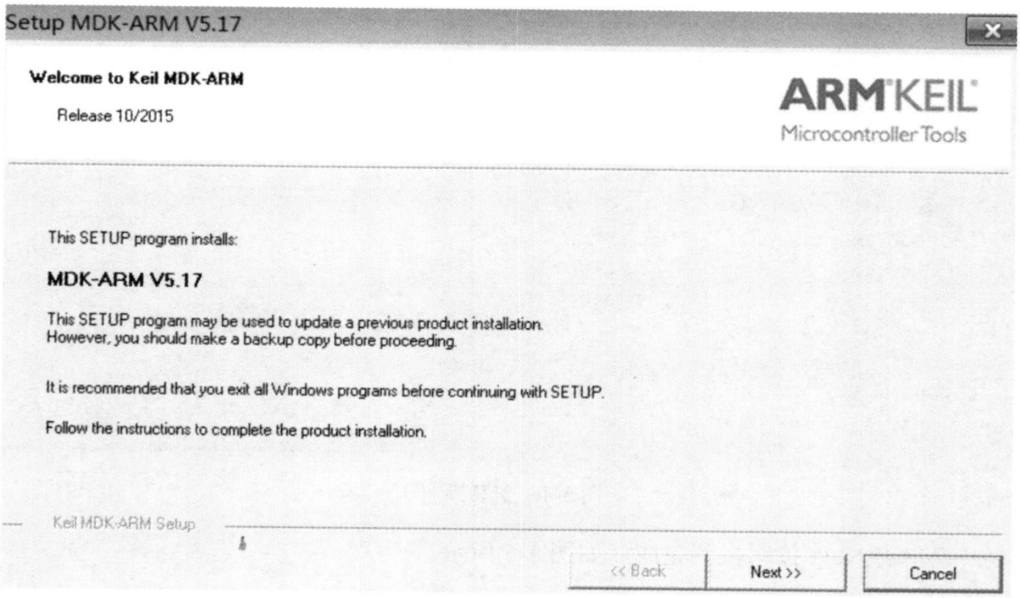

Setup MDK-ARM V5.17

Welcome to Keil MDK-ARM

Release 10/2015

ARM KEIL
Microcontroller Tools

This SETUP program installs:

MDK-ARM V5.17

This SETUP program may be used to update a previous product installation.
However, you should make a backup copy before proceeding.

It is recommended that you exit all Windows programs before continuing with SETUP.

Follow the instructions to complete the product installation.

Keil MDK-ARM Setup

<< Back　　Next >>　　Cancel

图 3-2　安装界面 1

勾选"I agree …"复选框，然后单击 Next 按钮，如图 3-3 所示。

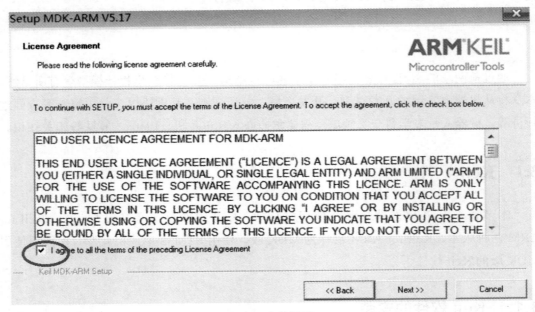

图 3-3　安装界面 2

选择安装路径，例如选择 D 盘，如图 3-4 所示。

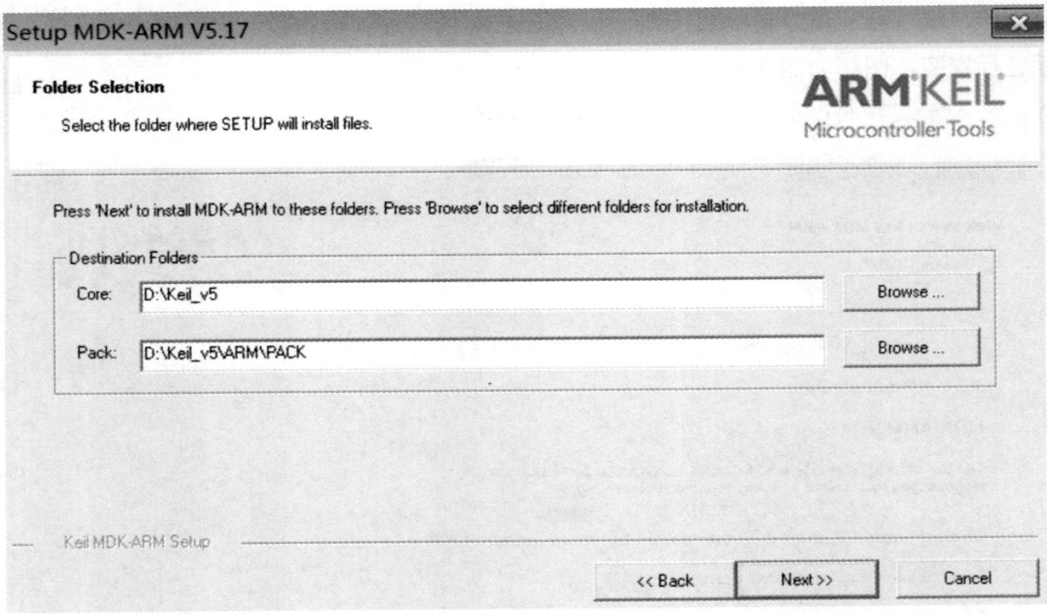

图 3-4　安装界面 3

一直单击 Next 按钮直到完成，如图 3-5 所示。

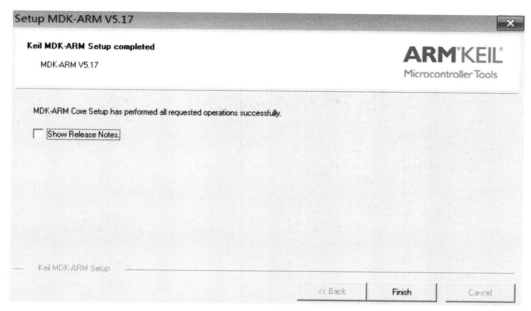

图 3-5 安装完成界面

另外，需要安装 STM32 对应的安装包（仅 Keil5 以上版本需要）。笔者选择的开发板是 STM32F103RCB6，所以选择 F1 系列的安装包，如图 3-6 所示。

双击该图标即可完成安装包的安装。有些情况下会提供 keygen.exe 注册机软件，读者根据需要获取注册号，在 Keil 的 License Management 中填入，完成安装。

图 3-6 STM32 对应的安装包图

3.1.2 Keil 5 软件的使用

学习 Keil 编程的比较好的方法是学习开源代码，将代码下载到计算机中，然后学习整个工程的路径和文件组合。工程文件的后缀为 uvproj，双击即可打开，如图 3-7 所示。

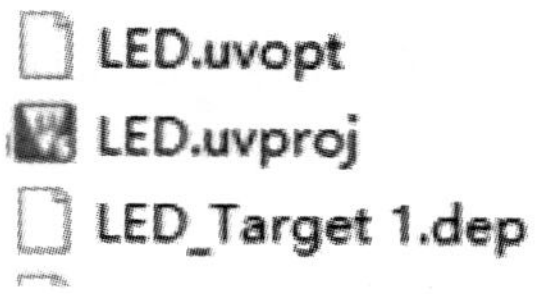

LED.uvopt
LED.uvproj
LED_Target 1.dep

图 3-7 工程文件

打开某开发板提供的一个工程，main.c 文件中的 main() 函数是程序入口，如图 3-8 所示。

图 3-8　Keil 工程文件

Keil 可以完成编译、下载、调试等功能，如图 3-9 所示。

图 3-9　部分常用功能

关于如何使用 Keil 的在线仿真功能模拟输出 PWM 的例子将在 4.1 节讲解。

3.2　Linux 基础知识

大部分的一线机器人技术开发基于 Linux 实现仿真和验证，下面简单讲解机器人开发用到的相关知识。

3.2.1　Linux 的 Shell

Linux 的 Shell 是用户交互工具，在 Shell 环境下操作指令由内核完成调度，最终控制硬件外设。

Shell 界面如图 3-10 所示，与 Windows 系统中的 Dos 命令提示符界面类似。打开 Dos 命令行，输入指令，如 ping www.baidu.com，这类似于 Shell 的命令行操作。

图 3-10　Ubuntu Shell 界面

Linux 版本众多，本节以 Ubuntu 桌面系统为例进行讲解。图 3-10 是 Ubuntu 桌面系统的 Shell 界面，openCV 库的安装、编译、卸载等都在这个界面完成。

在 Shell 中，光标显示的位置会有一串字母，表示当前用户所在的路径。如路径"lide@ lide~virtualbox:~$"。波浪线（～）代表"/home/ 用户"目录，如图 3-11 所示。

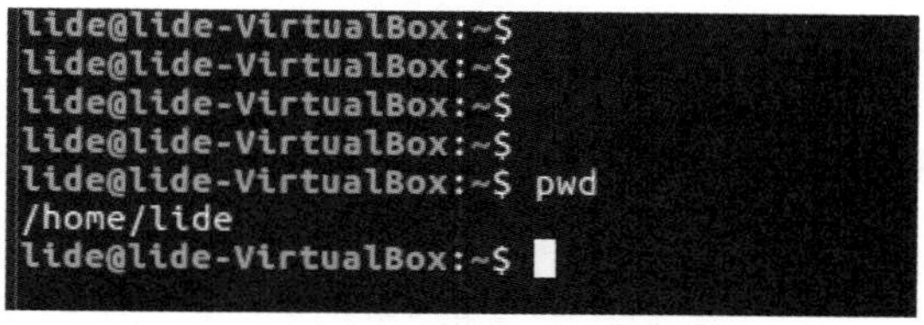

图 3-11　路径显示

在 Shell 中，一般是以"命令＋参数"的形式使用，命令和参数之间必须有空格，不可省略。例如，

cd /home/pi ；

这里 cd 和 home/pi 之间有空格，并且空格不能省略。除此之外，在 Linux 中，路径是一种参数，指令一般为英文字母的缩写，例如，指令 cd 就是改变当前路径（change directory）的意思。

下面是笔者整理的一些常用命令。

---

1. 文件、目录操作命令

（1）ls 命令功能：显示文件或目录的信息。

ls：以默认方式显示当前目录文件列表。

ls -l：显示文件属性，包括大小、日期、符号连接、是否可读写、是否可执行。

ls -lh：显示文件的大小，以容易理解的格式印出文件大小（例如，1K、234M、2G)

（2）cd 命令功能：更改目录。

cd /：切换到根目录。

cd ..：切换到上一级目录。

cd ~：切换到用户目录，例如是 root 用户，则切换到 /root 下。

（3）cp 命令功能：复制文件。

cp /home/a.txt /home/pi/b：将 home 目录下的文件 a.txt 复制到 /home/pi/b 路径下。

（4）rm 命令功能：删除文件或目录。

rm a.txt：删除 a.txt 文件。

---

rm -f file：删除时不提示，可以与 r 参数配合使用。

rm -rf dir：删除当前目录下 dir 目录下的所有内容。

（5）mv 命令功能：将文件移动走或者改名，在 Linux 中没有改名的命令，如果想改名，可以使用该命令。

mv a.txt b.txt：将文件 a.txt 更名为 b.txt。

2. 查看文件内容命令

（1）cat 命令功能：显示文件内容，和 Dos 的 type 命令功能相同。

a.txt：显示文件 a.txt 的内容。

（2）vi 命令。

vi file：编辑文件 file。

vi 基本使用及命令：

输入命令的方式为先按 Esc 键，然后可输入 :w（询问方式写入文件），:w!（不询问方式写入文件），:wq 保存并退出，:q 退出 ,q! 不保存退出。

（3）touch 命令功能：创建一个空文件。

touch aaa.txt：创建一个空文件，文件名为 aaa.txt。

3. 基本系统命令

（1）man 命令功能：查看某个命令的帮助，如果不知道某个命令的用法，可以通过该命令获取用法。例如，

man ls：显示 ls 命令的帮助内容。

（2）date 命令功能：设定或显示系统日期。

date：显示当前日期。

（3）uname 命令功能：查看系统版本。

uname -R：显示操作系统内核的版本。

（4）关闭和重新启动系统命令。

reboot：重新启动计算机。

shutdown -r now：停止服务后重新启动计算机。

shutdown -h now：关闭计算机，停止服务后再关闭系统。

4. 监视系统状态命令

（1）top 命令功能：查看系统 cpu、内存等的使用情况。

（2）free 命令功能：查看内存和 swap 分区的使用情况。例如，

lide:~# free -tm

	总计	已用	空闲	共享	缓冲 / 缓存	可用
内存：	7958	1012	4111	40	2834	6621
交换：	2047	0	2047			
总量：	10006	1012	6159			

（3）ps 命令功能：显示进程信息。

ps aux：显示所有用户的进程。

ps ef：显示系统所有进程信息。

（4）kill 命令功能：终止某个进程，进程号可以通过 ps 命令得到，kill 命令不是万能的，对僵死的程序则无效。

kill -9 1011：终止进程号为 1011 的程序。

killall -9 navigation：终止所有名字为 navigation 的程序。

（5）查看 usb 设备。

```
Ls usb 列出所有的 usb 设备。
```

5. 用户和组相关的命令

`chmod` 命令功能：改变用户或者文件的权限。

`chmod +x file`：将文件 `file` 设置为可执行。

`chmod 666 file`：将文件 `file` 设置为可读写。

6. 压缩命令

`tar` 命令功能：归档、压缩等，比较重要，会经常使用。

`tar -cvf`：压缩文件或目录。

`tar -xvf`：解压缩文件或目录。

`tar -zcvf`：压缩文件，格式为 `tar.gz`。

`tar -zxvf`：解压缩文件，格式为 `tar.gz`。

7. 网络相关命令

`ifconfig` 命令功能：显示或修改网卡信息。

`ifconfig`：显示网络信息。

`ifconfig eth0`：显示 eth0 网络信息。

修改网络信息：

`ifconfig eth0 192.168.1.1 netmask 255.255.255.0`：设置网卡 1 的地址为 192.168.1.1，掩码为 255.255.255.0。

注意：

（1）Linux 环境下，使用 "man + 空格 + 指令" 的格式，可以快速查看该指令的使用方法。前提是必须记得某条指令的名称，例如：`~$ man ls`

（2）Shell 下输入某条指令时，可以使用键盘上的 Tab 键补全指令和路径。使用 ↑ 键可以查看过往的输入历史。例如：存在路径 /home/pi/app，输入

`~$cd /home/pi/a`

然后按 Tab 键可以出现 app 或者以 a 开头的所有文件夹。

3.2.2　编写程序与脚本

本节讲解 Shell 中如何编写一个 C 语言程序，该程序基于 Linux 的 GCC 编译器实现。编写第一个 C 语言程序，并打印输出 "Hello Robot"。读者可将下面的源代码通过 gedit 或者 vi 输入到 c 文件中。

```
01    #include "stdio.h"
02    int main(int argc, char* argv[])
03{
04    printf("Hello Robot \n");
05    return 0;
06 }
```

具体步骤如下。

（1）在当前目录下创建 hello.c 文件，使用指令 "sudo touch hello.c" 创建。

（2）使用指令 "vi hello.c" 打开文件，输入 "i" 切换为编辑模式，输入上述代码，

按 Esc 键退出编辑模式，再输入":wq!"，保存并关闭 hello.c。

（3）进行编译，编译指令为

"$gcc -o hello hello.c"。

（4）编译完成后，在当前路径下，生成一个名为 hello 的文件，然后输入命令"$ ./hello"，在屏幕上显示打印结果"Hello Robot"。命令中的"./"表示在当前目录下执行 hello 文件。如果在其他路径下，要使用绝对路径，例如"/home/lid/share/book/app/hello"，如图 3-12 所示。

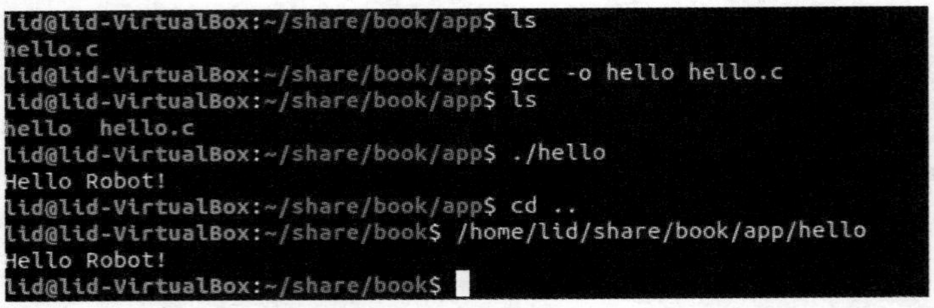

图 3-12　"Hello Robot"执行步骤

在 Linux 的 Shell 下编写一条 Shell 脚本语句操作类似。例如，实现 Linux 启动后自动运行某个程序。以树莓派的 Linux 系统为例，程序路径为 /home/pi/app/，可执行程序为 hello，执行指令"sudo nano /etc/rc.local"，然后将光标移到倒数第 2 行，输入"sudo /home/pi/app/hello "，然后按 Ctrl+X 组合键，保存并退出。

这句话表示在 rc.local 文件中添加"该执行某绝对路径下的 hello 程序"。rc.local 是 Linux 系统自带的上电自启动文件，上电后会自动执行该文件，逐条执行脚本中的语句，刚加入的语句在系统断电重启后便会被执行。

3.3　网络基础知识

本节介绍网络相关的基础知识。对于机器人设计开发者来说，底层通信协议不需要深入理解，但是需要熟练运用上层协议。

3.3.1　基础通信

目前传输层协议一般基于 TCP 或 UDP，用户自己编写的应用层程序可以直接调用 TCP 接口。终端和云端通信时使用 TCP 协议，成熟的 MQTT 和 HTTP POST 都是基于 TCP 协议开发的。

例如，Xshell 支持 SSH 和 TELENET 协议，Xftp、FlashFxp 工具支持 FTP 协议，浏览器支持 HTTP 协议。在机器人程序开发中用到了 TCP 传输协议和 MQTT 应用层协议；传输照片时用到了 FTP 协议。

3.3.2　MQTT 协议

MQTT（Message Queuing Telemetry Transport）协议是消息队列传输协议，是 IBM 公司于 1999 年提出，目前的版本是 3.1.1。MQTT 是一个基于 TCP 的发布订阅协议，最初设计的目的是为了在极有限的内存设备和网络带宽很低的网络通信中使用，尤其适合物联网通信。MQTT 协议支持 C、Python、JavaScript、Java 等编程语言，其网络层级结构如图 3-13 所示。

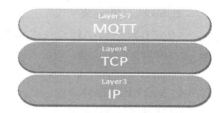

图 3-13　网络层级结构

由图 3-13 可知，MQTT 是类似于 HTTP 的应用协议，基于 TCP/IP 协议完成通信。因此，只要是基于 TCP/IP 协议栈的通信都支持 MQTT 协议，工作原理如图 3-14 所示。

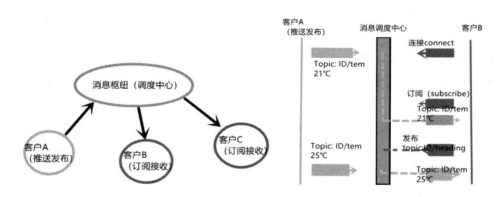

图 3-14　MQTT 通信交互

MQTT 基于异步机制实现消息的发布和订阅，同时可以存在多个发布者和订阅者通过不同的主题相互通信，互不干扰。消息调度中心以服务的形式存在于发布者和订阅者都可以连接的网络中。在 Linux 操作系统中，通过安装 Mosquitto 服务实现。

在 ROS 中，也是基于类似 MQTT 的订阅发布的形式运行。MQTT 数据包括固定头、可变头和消息体。

- 固定头（fixed header），存在于所有 MQTT 数据包中，表示数据包类型及数据包的分组类标识。
- 可变头（variable header），存在于部分 MQTT 数据包中，数据包类型决定了可变头是否存在及其具体内容。
- 消息体（payload），存在于部分 MQTT 数据包中，表示客户端收到的具体内容。

1. MQTT 固定头

固定头存在于所有 MQTT 数据包中，第 1 个字节的第 0 ~ 3 位决定了不同类型

MQTT 数据包的具体标识，第 4 ~ 7 位代表 MQTT 数据包类型。如果收到无效的标志时，接收端必须关闭网络连接。

固定头的第 2 个字节用来保存变长头部和消息体的大小，但不是直接保存。该字节可以扩展，其保存机制为前 7 位用于保存长度，最后一位部用作标识。当最后一位为 1 时，表示长度不足，需要使用两个字节继续保存。

2. MQTT 可变头

MQTT 数据包中包含一个可变头，位于固定头和负载之间。可变头的内容因数据包类型不同而不同。

3. MQTT 消息体

消息体为 MQTT 数据包的第三部分，包括 CONNECT、SUBSCRIBE、SUBACK、UNSUBSCRIBE 四种类型的消息体。

- CONNECT：消息体内容主要是客户端的 ClientID、订阅的主题、消息及用户名和密码。
- SUBSCRIBE：消息体内容是一系列要订阅的主题以及 QoS。
- SUBACK：消息体内容是服务器对于 SUBSCRIBE 所申请的主题及 QoS 进行的确认和回复。
- UNSUBSCRIBE：消息体内容是要订阅的主题。

为了方便理解报文格式。笔者下载了 Wireshark 软件进行抓包分析。Wireshark 可以直观地捕捉所有流经网卡的数据流，自带网络协议的结构分析功能，可以拆分 HTTP、MQTT 等协议，图 3-15 是 MQTT 的数据格式。

图 3-15 中笔者选中固定报头，Wireshark 工具将 0x10 展开，显示为 0001，是 "Message Type: ConnectCommand（1）" 等的具体信息。相关的固定报文标志位的信息也很明显，Msg Len 是剩余长度，其他则是可变报头和有效载荷部分。

图 3-15 中是一个连接（CONNECT）类型的报文，连接报文的类型为 1，那么对应的二进制为 0001。同时笔者设置的服务质量（QoS）为 0，不保留即为 0，所以固定报头为 00010000。

可变报头不是一定存在的。根据不同的数据类型，可变报头的内部会发生改变。例如，连接类型返回确定（CONNACK）报文时，可变报头只有连接确认标志和连接返回码，同时，剩余长度一直是 2，其报头二进制为 00100000。图 3-16 所示为 Wireshark 显示的可变报头。

```
> Internet Protocol Version 4, Src: 127.0.0.1, Dst: 127.0.0.1
> Transmission Control Protocol, Src Port: 59292, Dst Port: 1883, Seq: 1, Ack: 1, Len: 48
∨ MQ Telemetry Transport Protocol
   ∨ Connect Command
      ∨ 0001 0000 = Header Flags: 0x10 (Connect Command)  ←
           0001 .... = Message Type: Connect Command (1)
           .... 0... = DUP Flag: Not set
           .... .00. = QOS Level: Fire and Forget (0)
           .... ...0 = Retain: Not set
        Msg Len: 46
        Protocol Name: MQIsdp
        Version: 3
      > 0000 0010 = Connect Flags: 0x02
        Keep Alive: 120
        Client ID: lens_uWsXRTm3MtU2qnbJ3SObLP1ilmo
```

```
0000   01000101 00000000 00000000 01011000 00100100 00001000 01000000 00000000   E..X$.@.
0008   01000000 00000110 00000000 00000000 01111111 00000000 00000000 00000001   @.......
0010   01111111 00000000 00000000 00000001 11100111 10011100 00000111 01011011   .......[
0018   01001111 01001011 11111000 00101010 01010011 10101111 00001100 10110100   OK.*S...
0020   01010000 00011000 00001000 00000101 01010101 10110010 00000000 00000000   P...U...
0028   00010000 00101110 00000000 00000110 01001101 01010001 01001001 01110011   ....MQIs
0030   01100100 01110000 00000011 00000010 00000000 01111000 00000000 00100000   dp...x.
0038   01101100 01100101 01101110 01110011 01011111 01110101 01010111 01110011   lens_uWs
0040   01011000 01010010 01010100 01101101 00110011 01001101 01110100 01010101   XRTm3MtU
0048   00110010 01110001 01101110 01100010 01001010 00110011 01010011 01001111   2qnbJ3SO
0050   01100010 01001100 01010000 01101100 01101001 01101100 01101101 01101111   bLP1ilmo
```

图 3-15　Wireshark 解析的 MQTT 的数据格式

```
· MQ Telemetry Transport Protocol
   ∨ Connect Ack
      ∨ 0010 0000 = Header Flags: 0x20 (Connect Ack)
           0010 .... = Message Type: Connect Ack (2)
           .... 0... = DUP Flag: Not set
           .... .00. = QOS Level: Fire and Forget (0)
           .... ...0 = Retain: Not set
        Msg Len: 2
        .... .... 0000 0000 = Connection Ack: Connection Accepted (0)
```

图 3-16　Wireshark 显示的可变报头

最典型的是 DISCONNECT 类型的报文,其可变报头中数据长度 Msg Len 为 0,如图 3-17 所示。

```
∨ MQ Telemetry Transport Protocol
   ∨ Disconnect Req
      ∨ 1110 0000 = Header Flags: 0xe0 (Disconnect Req)
           1110 .... = Message Type: Disconnect Req (14)
           .... 0... = DUP Flag: Not set
           .... .00. = QOS Level: Fire and Forget (0)
           .... ...0 = Retain: Not set
        Msg Len: 0
```

图 3-17　空的可变报头

在本设计中，MQTT 发布主题的格式将遵循以下 JSON 格式：topic+ 消息体。例如，将姿态角信息上传给云平台的代码如下。

```
01    topic: 1110000001001001/upload/indicator;
02    格式：        {
03    "turnI":-14,
04    "pitchI":6,
05    "headingI":14,
06    "airspeedI":0,
07    "altitudeI":2,
08    "vspeedI":3
09    }
```

3.3.3 Linux 安装 Mosquitto

在基于 Ubuntu 或者树莓派的 raspbian Linux 系统中，有两种方法安装支持 MQTT 协议的软件库。第一种方法是从 apt 的库中直接下载 Mosquitto 库，该库包含发布和订阅的指令，指令如下：

```
sudo apt-get install  mosquitto-dev
sudo apt-get install mosquitto-clients
```

输入 Mosquitto 后，按 Tab 键出现 mosquitto_pub 说明安装成功。发布主题、信息的格式为 "mosquitto_pub -t topic -h host -m message"。

例如，向 IP 地址为 192.168.0.1 的调度中心发送主题为 test 的消息，消息体为 "Hello, Robot!"。需要注意，192.168.0.1 需事先安装了 mosquitto 的服务并启动。

```
mosquitto_pub -t   test    -h 192.168.0.1 -m "Hello,Robot!"
```

第二种方法是使用源码编译并安装的方法。首先需要下载 Mosquitto 的源码，然后解压，指令如下：

```
wget        http://mosquitto.org/files/source/mosquitto-1.5.5.tar.gz
tar  -zxvf   mosquitto-1.5.5.tar.gz             // 解压文件至当前目录
cd mosquitto-1.5.5                              // 进入文件夹
vi config.mk                                    // 打开编译配置文件
```

本实例中没有用到 TLS 和 PSK 相关的技术，所以下列代码需要用 "开" 注释。

```
#WITH_TLS:=yes
# 是否开启 TLS/PSK 支持
#WITH_TLS_PSK:=yes
#WITH_UUID =YES
```

保存后退出，使用 make 指令编译。完成后，会生成 libmosquitto.so 的库。至此，开发者可以调用该库进行 C 语言的开发。

3.3.4 MQTT 测试工具

通过 HIVEMQ 工具可以测试 MQTT 通信协议，配置如下。代理 Broker 的主机服务器地址为 broker.hivemq.com，TCP 端口为 1883，Web Socket 端口为 8000，通过 http://www.hivemq.com/demos/websocket-client/ 网址打开 HIVEMQ 的 Web 页面。如图 3-18 所示，主机服务器的地址为 broker.hivemq.com，单击界面右侧的 Connect 按钮，Connect 按钮变成 Disconnect 按钮表示连接成功。

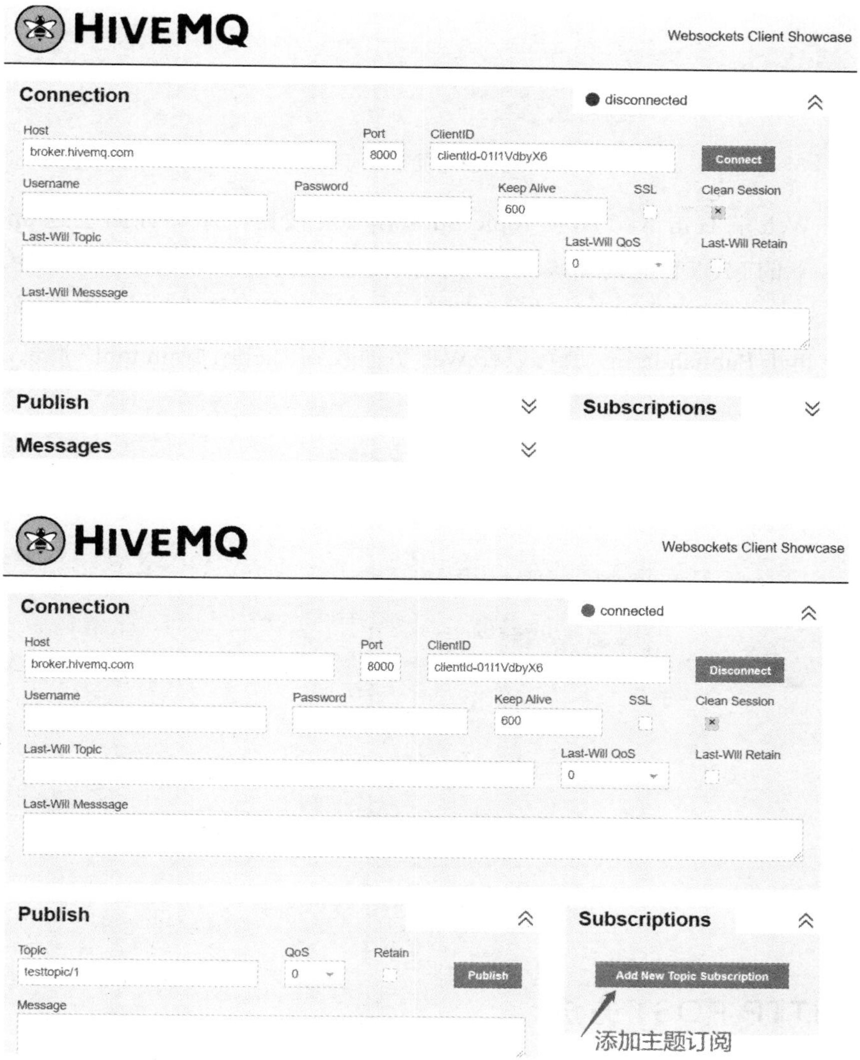

图 3-18 Web 端的 MQTT 测试

在 Web 端的 Topic 文本框中输入 upload，Message 输入框中输入 "hello，robot，from web!"。单击 Publish 按钮将消息发送出去，如图 3-19 所示。

图 3-19　发布和订阅

继续在 Web 端右击 Add New Topic Subscription 按钮，添加订阅主题 upload2。打开 Windows 下的 MQTT 工具（该工具可扫描图书封底的二维码下载）。IP 地址输入 broker.hivemq.com，端口为 1883，订阅主题为 upload，发布主题为 upload2，发布为"hello, from tool"，单击 Publish 按钮，就可以在 Web 页面收到"hello, from tool"消息，如图 3-20 所示。

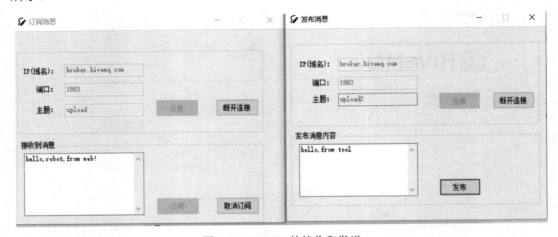

图 3-20　MQTT 的接收和发送

3.3.5　HTTP POST 方法

机器人在行驶过程中，需要拍照并将图片上传到云端，有时还需要将 GPS 轨迹文件放到云端。如果要传输的内容以文本形式存在且比较大，可以考虑使用 HTTP POST 方法，传输时可以附带参数，示例如下。

```
// 传输单张
curl -F "file_name=@pos_54.jpg" -X POST http://127.0.0.1:9002
// 传输多张
curl -F "file_name=@pos_54.jpg" -F "file_name=@pos_53.jpg" -F "file_name=@
pos_53.jpg" -X POST "http://127.0.0.1:9002"
```

3.4 算法

智能机器人最主要的灵魂莫过于软件，而软件的精髓在于算法，"得算法者得天下"。本节主要介绍基础算法和高阶算法的概念及运用。

3.4.1 PID 控制算法

PID 控制算法是借助比例 K_p（P）、积分 K_i（I）、微分 K_d（D）实现调节控制的闭环网络的算法。闭环是指指令执行后得到的反馈作为输入重新计算生成新的指令，简单的闭环比例反馈结构如图 3-21 所示。

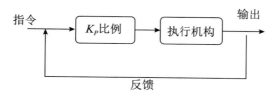

图 3-21 闭环比例反馈结构

PID 控制算法的调节公式为

$$u_k = K_p * e_k + K_i \sum_{j=0}^{k} e_j + K_d (e_k - e_{k-1}) \tag{3-1}$$

其中，K_p 为比例系数，K_i 为积分系数，K_d 为微分系数，e_k 为本次输出和反馈之差，e_j 为累计偏差，$e_k - e_{k-1}$ 指偏差的变化率。

人们小时候都学过自行车，在人少、车少的林荫路上，一群小伙伴互相鼓励着就开始学了。骑自行车最重要的是保持平衡，在平衡的基础上再用力蹬。经过几次摔倒、撞墙、进沟后，发现自行车往左边倒，就往左转自行车把手，往右倒，就往右转自行车把手，这种方式就是一种闭环反馈。等小伙伴们学会骑车后，就开始比赛走直线，看谁走的时间长。大家会发现，偏离直线的距离和把手回归直线的幅度有一定的规律，偏离大，把手回归直线摆动幅度大，偏离小，把手摆动幅度小，这就是 PID 中的比例控制策略。设正前方的角度（目标角度 Targeting）和当前角度（Heading）的差值为 Error_k，则

Error_k = Targeting-Heading

机器人中规定向左转为正，向右转为负。当偏离到中心线的左侧时，Error_k < 0，

输出向右转的力，控制输出变量 $u = K_p*\text{Error\_k}$；当偏离到中心线的右侧时，$\text{Error\_k} > 0$，输出向左转的力，控制输出变量 $u = K_p*\text{Error\_k}$；当不偏离中心线时，$\text{Error\_k} = 0$。所以在骑行的过程中，自行车会像蛇一样蜿蜒行进，骑行路线如图 3-22 所示。

图 3-22　蜿蜒前行

前轮的朝向和自行车朝向的夹角变化的快慢，可以表示为

$\text{Error\_rate} = \text{Error\_k} - \text{Last\_Error\_k}$，这是误差的变化率。

如果机器人系统只引入了比例调节，当前值大于目标值，就按一定规律减，当前值小于目标值，就按一定的规律加，代码如下。

```
01    import matplotlib.pyplot as plt
02    import random
03
04    random.random()
05
06    class Pid():
07    """ 定义一个关于 PID 的类 """
08    def __init__(self,target_val,kp):
09            self.KP =kp
10    # 目标值设置、当前值、当前误差初始化
11    self.target_val=target_val
12    self.now_val=0
13    self.now_err=0
14
15
16    def cmd_p(self):
17    # 误差 = 目标值与当前值之差
18    self.now_err=self.target_val-self.now_val
19    print("ERR:",self.now_err)
20    # 采用增量 P 的方法返回最新值,同时模拟传感器引入 random 随机噪声（1 ～ 10 的值）
21      self.now_val=self.now_val+ self.KP *self.now_err+random.
                               randint(1,10)
22    return self.now_val
23
24    pid_val=[]
25    # 对 pid 进行初始化,目标值是 100, kp=0.25
26    test_Pid=Pid(100,0.25)
27    # 循环 20 次,把数存入数组
28    for i inrange(0,20):
29    pid_val.append(test_Pid.cmd_p())
30    plt.plot([0]+pid_val)
31    plt.show()
```

输出的比例调节效果如图 3-23 所示。

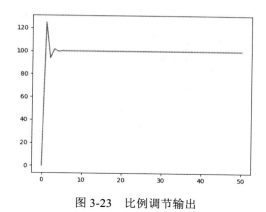

图 3-23　比例调节输出

图 3-23 中的设定目标值为 100，其中，kp 参数设置为 1.25，则 Error 依次为：

```
ERR: 100
ERR: -25.0
ERR: 6.25
ERR: -1.5625
ERR: 0.390625
ERR: -0.09765625
ERR: 0.0244140625
ERR: -0.006103515625
ERR: 0.00152587890625
ERR: -0.0003814697265625
ERR: 9.5367431640625e-05
ERR: -2.384185791015625e-05
ERR: 5.9604644775390625e-06
ERR: -1.4901161193847656e-06
ERR: 3.725290298461914e-07
ERR: -9.313225746154785e-08
ERR: 2.3283064365386963e-08
ERR: -5.820766091346741e-09
ERR: 1.4551915228366852e-09
ERR: -3.637978807091713e-10
ERR: 9.094947017729282e-11
ERR: -2.2737367544323206e-11
ERR: 5.6843418860808015e-12
ERR: -1.4210854715202004e-12
ERR: 3.552713678800501e-13
ERR: -8.526512829121202e-14
ERR: 2.842170943040401e-14
ERR: 0.0
ERR: 0.0
```

实际测试中用到的传感器，由于响应延迟，并伴有随机噪声，抖动很厉害。如果计算机系统引入一个适当减缓过度摆动的因子，效果如何呢？结合图 3-23，输出控制变为：

$$u = kp*Error\_k + kd*（Error\_k-last\_Error\_k）$$

其中，kp=1.25 为比例参数，kd 为微分参数，代码如下。

```
01    import matplotlib.pyplot as plt
02    import random
03
04    random.random()
05
06    class Pid():
07    """ 定义一个关于 PID 的类 """
08    def __init__(self,target_val,kp,kd):
09            self.KP =kp
10    self.KD=kd
11    # 目标值设置、当前值、当前误差初始化
12    self.target_val=target_val
13    self.now_val=0
14    self.now_err=0
15    self.last_err=0
16    self.err_rate=0
17
18    def cmd_pd(self):
19
20    # 误差 = 目标值与当前值之差
21    self.now_err=self.target_val-self.now_val
22    # 加入阻碍性质的微分调节
23    self.err_rate=self.now_err-self.last_err
24    print("err_rate:",self.err_rate)
25    # 采用增量 PD 的方法返回最新的值
26     self.now_val=self.now_val+ self.KP *self.now_err+self.KD*self.err_
                    rate
27    self.last_err=self.now_err
28    return self.now_val
29
30    def cmd_p(self):
31
32    # 误差 = 目标值与当前值之差
33    self.now_err=self.target_val-self.now_val
34
35    print("ERR:",self.now_err)
36    # 采用增量 PD 的方法返回最新的值
37    self.now_val=self.now_val+ self.KP *self.now_err
38
39    return self.now_val
```

```
40
41    pid_val=[]
42    # 对pid进行初始化，目标值是100,kp=1.25
43    test_Pid=Pid(100,1.25,-0.15)
44
45    for i inrange(0,50):
46    pid_val.append(test_Pid.cmd_pd())
47    plt.plot([0]+pid_val)
48    plt.show()
```

PD调节执行效果如图3-24所示，各个峰值皆有所抑制，在接近目标时迅速靠近目标，并抑制远离目标。最终的输出为

$$u = kp*Error\_k + kd*Error\_rate$$

kd取负值，起到抑制作用。

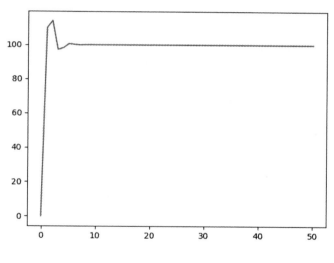

图 3-24　PD 调节

在有些运动控制中，使用 PD 调节就可以满足要求了。

注意，K_i 的值越大，积分时乘的系数就越大，积分效果越明显。所以，K_i 的作用是减小静态情况下的误差，让受控量尽可能接近目标值。K_i 在使用时需要设定积分限制，防止在刚开始输出时就把积分量设置过大，难以控制。

PID 参数常用小口诀

整定参数寻最佳，从小到大逐步查；
先调比例后积分，微分作用最后加；
曲线震荡很频繁，比例刻度要放大；
曲线漂浮波动大，比例刻度要拉小；
曲线偏离回复慢，积分时间往小降；
曲线波动周期长，积分时间要加长；
曲线震荡动作繁，微分时间要加长。

3.4.2 移位滤波均值算法

本节介绍一种简单的移位滤波平均值算法，该算法是对时间序列的 N 个数据求平均值。算法要求最新的第 N 个数据和前 $N-1$ 的数据求和，然后返回平均值，N 越大，滤波后的抖动越小。

例如，当容器中存满 10 个元素时求一次平均值，下一个采样值来临后，将 10 个数组中的最后一位扔掉，最新的数据放到前面，依次循环求解，文件名为 fileter2.c，代码如下。

```c
01   #include <stdio.h>
02   #include <stdlib.h>
03
04   #define   N   (10.0)
05
06   //_filter 滤波函数
07   static float _filter(int m)
08{
09   //static 定义静态变量，只初始化一次
10   // 如果不重新赋值，值的结果不变，重新调用函数也不会清零
11   static int flag_first=0, _buff[10], sum;
12   const int _buff_max=10;
13   int i;
14   float ret =0;
15   if(flag_first==0)                    // 如果是第一次进
16   {
17   flag_first=1;
18   for(i=0, sum =0;i< _buff_max;i++)// 认为所有的元素都是一样的值
19{
20   _buff[i]= m;
21   sum+= _buff[i];
22   }
23   return m;
24   }
25   else                               // 如果是第二次进
26   {
27   sum -= _buff[0];                 // 减去 buff[0] 的值
28   for(i=0;i<(_buff_max-1);i++)
29{
30        _buff[i]= _buff[i+1];
31   }
32   _buff[9]= m;
33   sum += _buff[9];
34   ret = sum / N;
35   return ret;
36 }
```

```
37  }
38  int main(int argc,char* argv[])
39 {
40  int arr_buffer[]={12,13,15,20,0,1,10,10,21,43,12};
41  int i=0;
42  float ret =0;
43  int arr_length=sizeof(arr_buffer)/sizeof(int);
44  for(i=0;i <arr_length;i++)
45 {
46  ret = _filter(arr_buffer[i]);
47  printf("%f\n",ret);
48 }
49
50  return 0;
51 }
```

在 Linux Shell 下使用 GCC 编译，执行结果如图 3-25 所示。

图 3-25　执行结果

上述几种算法经常使用，其中在通过 ADC 采样红外测距传感器测距时用到了移位平均滤波算法，使用中值滤波做超声波采样也可以适配得很好。还可以考虑先将最大值、最小值去掉，然后求平均值。

3.4.3　高、低通滤波和互补滤波器

高通滤波器是指允许高频率、变化快、周期短的信号通过，阻碍或者滤掉低频率的信号。低通滤波器则允许频率低、变化慢的信号通过。通俗来讲，高通滤波器，高频信号更容易通过，而低频信号更难通过。

笔者引入谐振电路的高通滤波器进行说明。在 RC 谐振电路中，如图 3-26 所示，电容 C 在主干路中，交流信号为高频信号，直流信号为低频信号。由于

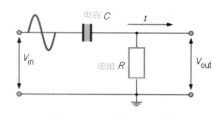

图 3-26　电路的 RC 谐振

电容充放电特性,交流信号流经时,电容两端会发生充放电的变化,两端的电压发生变化,直流无法通过电容,被阻拦,交流信号加载到负载电阻两端,成为最终的输出信号。

此电路中的输出公式如下:

$$A = \frac{T}{\frac{1}{2\pi fc} + T} = (\frac{1}{1 + (\frac{1}{2\pi * Tfc})}) \tag{3-2}$$

其中,T 为采样周期,fc 为截止频率。2π 为谐振电路中的角频率周期。截止频率与电阻 R、电容 C 的关系如下:

$$fc = \frac{1}{2\pi RC} \tag{3-3}$$

将式(3-3)代入式(3-2)

$$A = \frac{T}{T + RC} \tag{3-4}$$

其中,RC 为时间常数。低通滤波在谐振电路中电容 C 和电阻 R 位置互换,同时低通滤波与高通滤波的和为 1,也被经常应用在软件模拟滤波中用于滤除干扰信号。那么如何使用软件模拟滤波呢?最简单的低通滤波表现为第 n 次的输出 Y_n 为第 n 次采样或者控制与第 $n-1$ 次采样或者控制之和。

$$Y_n = X_n + X_{n-1} \tag{3-5}$$

很显然,式(3-5)的滤波输出与当前输入和上一次的输出有关系,引入式(3-4)中的 A,换成整理后变成互补滤波。

$$Y_n = A * X_n + (1 - A)Y_{n-1} \tag{3-6}$$

式(3-6)中,A 即为式(3-4)的值,Y_{n-1} 为上一次输出的值。低通滤波中,A 很小,输出主要由长期的历史值影响。在不同的应用中,A 和 $1-A$ 可以互换,以匹配高低通滤波。

以陀螺仪为例,陀螺仪获取角速度,通过积分得到角度,短时间内获取的角度是比较准确的,使用高通滤波比较好,但是随着时间累积,误差会越来越大,所以长期来看,要加入低通滤波的角度来纠正。假设采样周期 T 为 50 ms,时间常数估计为 1s(由输出频率粗略估计),伪代码如下:

$$A = \frac{0.05}{0.05 + 1} = 0.048$$

angle=A*angle_acc+(1−A)*(angle+gyro*dt)

angle=0.048*angle_acc+0.952*(angle+gyro*dt)

式中,gyro 为陀螺仪的瞬时速度,dt 为采样时间,gyro*dt 为比较准确的瞬时角度则权重较大,angle_acc 为由加速度获取的角度。

再以角度滤波为例,机器人行驶过程中,由于 PID 算法导致采集的航向角度有波动,后期分析处理时,需要得到稳定的角度信号,可以考虑使用低通滤波处理,效果对比如图 3-27 所示。

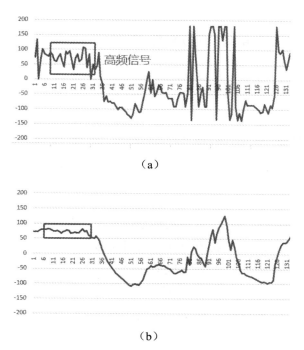

（a）

（b）

图 3-27　低通滤波处理

原始的角度数据中存在点位漂移，两点的夹角能达到 3°～100°，对于一些频繁出现的小波信号需要过滤掉。低通滤波的历史占比可设置为 0.8，当前测量值为 0.2，则可以有效地过滤掉高频干扰。数据的滤波计算如图 3-28 所示。

	D	E	F	G	H
	73	73	73		
	134	61	61		73.061
	0	-134	-134		72.98794
	71	71	71		72.59035
	101	30	0		78.27228
	84	-17	0		79.41782
原	81	-3	0	滤	79.73426
始	78	-3	0	波	79.38741
数	90	12	0	后	81.50993
据	81	-9	0	的	81.40794
	63	-18	0	数	77.72635
	59	-4	0	据	73.98108
	74	15	0		73.98487
	84	10	0		75.98789
	63	-21	0		73.39031
	41	-22	0		66.91225
	93	52	52		72.1298
	85	-8	0		74.70384
	95	10	0		78.76307
	68	-27	0		76.61046
	33	-35	0		67.88837
	71	38	0		68.51069

低通滤波公式　=0.8*H5+0.2*D6

图 3-28　低通滤波计算数据和公式

注意，互补滤波存在一定的滞后问题，互补滤波可修改参数 A，同时，在式（3-5）中可增加第三项权重参数（例如，可以解决一些比较单一的问题方差），或者增加 PID 选项等。

感兴趣的读者还可以学习 Madgwick、Mahony 滤波器。限于篇幅原因，书中不再赘述。

3.4.4 初识贝叶斯

贝叶斯法则是统计学中概率事件的条件假设，根据历史事件的规律判断新事件的走向。笔者之所以要介绍贝叶斯法则，是因为贝叶斯法则的应用非常广泛。

贝叶斯法则在概率统计学中占有举足轻重的地位，在机器学习、图像分类、计算机视觉、SLAM 建图、数据滤波等都有贝叶斯法则的影子。

假设笔者手上有一枚硬币，我用有限的生命一共抛了 9999 万次，其中 9999 万次都是显示 A 面，那么第 1 亿次出现 A 面的概率是多少？

读者可能会猜测结果与硬币材质、笔者所处的地理位置、天气原因、重力加速度甚至抛硬币的姿势是否有关，实际上根据贝叶斯法则，出现 A 面的概率会达到 99.9999%。

贝叶斯法则通过观测历史数据得出规律，该硬币抛出 A 面出现这么多次，肯定是由于某种原因导致，可能是 A 面比 B 面重、姿势等问题，如果下次照常抛硬币，那么根据历史观测数据，总结出来的规律将占很大的预测权重，纠正推理结果。

贝叶斯法则规定，某时刻 t 的状态 Xt 出现的概率与历史观测到的数据和 t 时刻的输出量有关。贝叶斯规则用分析预测和纠正两步，实现预测推理模型如下：

$$\overline{\text{bel}}(x_t) = \int p(x_t \mid u_t, \ x_{t-1})\text{bel}(x_{t-1})\text{d}x_{t-1} \qquad (3\text{-}7)$$

其中，x_t 是 t 时刻出现的状态，x_{t-1} 是 t 之前的时刻出现的状态，u_t 是输出控制量。该模型对历史输出量和状态求积分，得到 x_t 出现的概率。

纠正模型为

$$\text{bel}(x_t) = \eta p(z_t \mid x_t)\overline{\text{bel}}(x_t) \qquad (3\text{-}8)$$

根据当前观察到的数据和之前预测的数据，得出最新的估计值。

接下来利用贝叶斯法则对抛硬币建模，规定抛出硬币的姿势为输出控制 X_t，X_t 的状态都是 A 面。对 9999 万次数据求积分，得到出现的概率 $\overline{\text{bel}}$。用 $\overline{\text{bel}}$ 和最新的观测数据进行计算，纠正最新的抛硬币结果。如果观测数据和之前抛硬币的姿势相同，那么输出控制就等于观测数据，最终得出的结果和之前抛硬币的结果一样，都是 A 面。可以理解为：

先前验证的概率 $P(A)\times$ 相似度（是否和之前的姿势一样）= 接下来的概率 $P(A|B)$，写成公式为：

$$P(A \mid B) = \frac{P(B \mid A)P(A)}{P(B)} \qquad (3\text{-}9)$$

其中，$P(A|B)$ 为在 B 发生的情况下 A 发生的概率；$P(B)$ 为 B 发生的概率；$P(A)$ 为 A 发生的概率；$P(B|A)$ 为在 A 发生的情况下 B 发生的概率。贝叶斯公式可应用于以下场景。

某房间在过去 1 年共发生 3 次被盗事件；房间内装有摄像头，摄像头平均每天晚上报警 1 次；假设在盗贼入侵时，摄像头报警的概率为 0.9，则摄像头报警时发生盗贼入侵的概率是多少？

按照事件概率的形式描述如下。

$P(A)$：摄像头每天报警的事件概率为 1。

$P(B)$：盗贼入侵事件的概率为 3/365 ≈ 0.008。

$P(A|B)$：盗贼入侵时摄像头报警的概率为 0.9。

$P(B|A)$：摄像头报警时盗贼入侵的概率是多少？

此问题中，摄像头报警为先发生的条件，盗窃在后，用图形的方式进行分析，如图 3-29 所示。

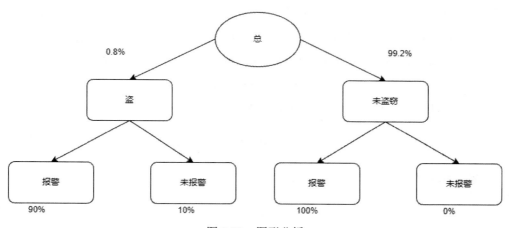

图 3-29　图形分析

计算结果为

$$P(盗|报警)=\frac{P(盗)\times P(报警|盗)}{P(报警)}=\frac{0.8\%\times 90\%}{0.8\%\times 90\%+99.2\%\times 1}=0.72\% \quad (3\text{-}10)$$

机器人的系统设计中，在建图中利用贝叶斯法则，转换成传感器观测模型和运动模型。

3.4.5　二值贝叶斯滤波

3.4.4 节讲到，在摄像头报警的情况下发生盗窃的概率是 0.72%，是 0～1 的一个确定值。根据二值贝叶斯推理出来的结果只有两种情况：0 或 1。例如，在摄像头报警的情况下，发生盗窃只有是和不是两种结果。二值贝叶斯就是贝叶斯的二分类变种情况，常用于解决

"是"与"非"的问题。例如,机器人判断门是开还是关,判断障碍物是否存在等。

在实际环境中,机器人的对地状态只有两种状态,要么贴地,要么离地。机器人需要在离地后报警。机器人通过红外传感器(最大测距为 10 cm)测量对地距离来判断对地状态。当测距模块多次接收到有效距离,说明贴地;当多次接收到无效数据,则说明离地。由于传感器存在噪声,红外传感器接收到有效距离时,贴地的概率为 0.8,离地的概率为 0.2。接收到无效距离时,离地的概率为 0.9,贴地的概率为 0.1。如果红外传感器连续接收到有效数据 3 次,无效数据 1 次,那么对地状态 x 的概率 $P(x)$ 该如何计算?

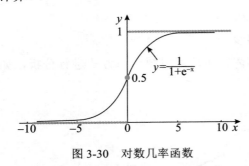

图 3-30 对数几率函数

该问题中,红外传感器接收有效或者无效的数据能达到无数次,所以,能否找到一种函数,能接收无数次且结果仍然为"0"或"1"?用数学描述就是 $x \in (-\infty, +\infty)$,$y \in [0, 1]$。数学家最终找到了对数几率函数(LogOdds),即 sigmoid 函数,如图 3-30 所示。

某事件发生的概率 (P) 和未发生的概率 ($1-P$) 的比值称为几率(Odds):

$$\text{Odds} = P/(1-P) \tag{3-11}$$

对式(3-11)两边求对数,得出对数几率:

$$\ln(\text{Odds}) = \ln \frac{P}{1-P} \tag{3-12}$$

对图 3-30 中的公式进行变换:

$$
\begin{aligned}
y &= \frac{1}{1+e^{-x}} \\
y + ye^{-x} &= 1 \\
ye^{-x} &= 1 - y \\
e^{-x} &= \frac{1-y}{y} \\
-x &= \ln\left(\frac{1-y}{y}\right) \\
x &= \ln\left(\frac{y}{1-y}\right)
\end{aligned}
\tag{3-13}
$$

结合贝叶斯公式进行推导,最后可得结论,t 时刻对数几率 l_t 为:

$$l_t = l_{t-1} + \ln \frac{p(x|z_t)}{1-p(x|z_t)} - \ln \frac{p(x)}{1-p(x)} \tag{3-14}$$

式中包含上一时刻的对数几率 l_{t-1}、本次观察到的对数几率、本事件发生的对数几率。如果机器人的红外传感器连续收到有效数据 3 次,无效数据 1 次,那么对地状态 x

的概率 $P(x)$ 该如何计算？

假设初始对地状态为 0.5，对地状态的参数用 L 表示，则对数几率为 $\ln(0.5/(1-0.5))=0$；红外传感器接收到有效距离时，贴地的概率为 0.8，离地的概率为 0.2，接收到无效距离数据时，离地的概率为 0.9，贴地的概率为 0.1。L1 ～ L4 表示贴地的对数几率。

第 1 次收到有效数据时：
$$L1= L0+\ln(0.8/0.2)-0 = \ln4$$
第 2 次收到有效数据时：
$$L2= L1+\ln(0.8/0.2)-0 = \ln4+\ln4 = \ln16$$
第 3 次收到有效数据时：
$$L3= L2+\ln(0.8/0.2)-0 = \ln16+\ln4 = \ln64$$
第 4 次收到无效数据时：
$$L4=L3+\ln(0.1/0.9)-0 = \ln64-\ln9=\ln7.1=1.96$$

上述的 1.96 对应的是图 3-30 中的 x 值，变换为式（3-15），

$$
\begin{aligned}
y &= \frac{1}{1+\frac{1}{e^x}} \\
y &= \frac{e^x}{e^x+1} \\
y &= \frac{e^x+1-1}{e^x+1} \\
y &= 1-\frac{1}{e^x+1}
\end{aligned}
\tag{3-15}
$$

此时对应的最后结果 $y=1-1/(1+e^{1.96}) \approx 0.8765$，更靠近 y 轴上的 1，则贴地运行的概率更大，近似认为贴地运行。经过无数次快速检测，认为 $y < 0.001$，则可以认为离地运行。

除了对地检测可以用到此类滤波，悬崖传感器也可以用此类方法，甚至在后续栅格地图的构建中还会再次涉及二值贝叶斯滤波的应用。

在上述的红外传感器获取有效数据时，贴地的概率是笔者定义的值。然而在实际中，概率没法定义具体的值，一个比较好的办法是使用高斯分布。

3.4.6　卡尔曼滤波

卡尔曼滤波涉及线性代数、矩阵、向量、高斯分布、方差、贝叶斯公式等知识。在学习卡尔曼之前，先讲一个曹冲称象的故事。

三国时期，东吴的孙权送给曹操一头大象，曹操号召大臣们出主意，测量大象的体

重。但是大臣们都不能说出具体可行的办法，这时 5、6 岁的曹冲想出了方法，把大象放到河上的船上，等船稳定后做标记，如图 3-31 所示，再把大象拉下船，在船上放石头，等水面到达标记后，称石头的重量就可以了。

图 3-31　曹冲称象

将曹冲称象的故事用数学方法进行分析。想要称出大象的重量，只要借助足够大的船和足够多的水，然后借助浮力，使用合适的计算模型，例如曹冲用大量的石头，就可以得到同样的浮力。如果所有的输入条件都是相同的，没有任何损耗，当大象的排水量标记和石头的排水量标记无限接近时，就可以认为大象的重量和石头的重量是一样的，如图 3-32 所示。

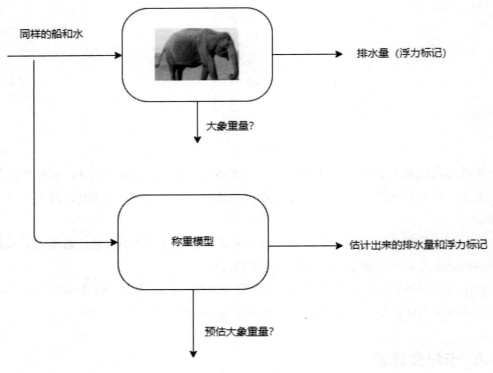

图 3-32　推理模型

对空间上没有损耗的环境来讲，也许可以无限达到接近目标，但是如果换做时间上的问题呢？数据随时间流逝不可复制，该怎么办？

继续提出更复杂的问题。实际生活中要解决的是基于时序数据的问题，"曹冲称象"

的模型是空间问题，并且称重模型可以在空间进行复制。对于实际要解决的问题，如果复制一个真实的环境去解决问题不太现实，所以只能使用计算机系统进行评估。例如，曹冲称象中使用石头称重估计出来的排水量和浮力是可以从标记看到的，时间问题中"排水量"是需要计算机计算的。接下来援引 Mathworks 的例子进行说明。

航天局发射液体火箭后，需要监测燃烧舱内的温度，但是温度传感器不能放到燃烧舱，因为会直接被高温熔化。于是科学家把温度传感器放到燃烧舱外，通过已知输入的燃料损耗公式计算出释放的热量，然后通过热传导估算出燃烧舱外的温度，这一过程称为数学计算模型（图3-33）。通过温度传感器测量得到的燃烧舱外的温度和数学计算模型得到的燃烧舱外的温度进行对比，当两者无限接近时，则认为计算模型计算得到的燃烧舱温度就是火箭燃烧舱内的温度。

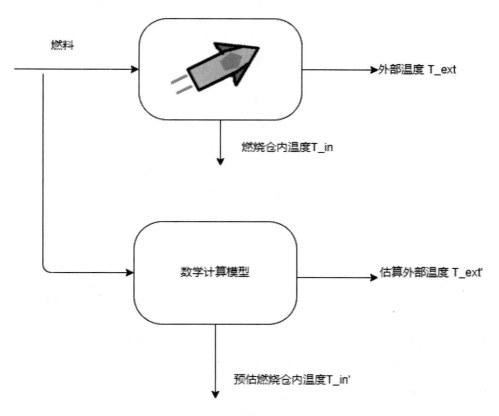

图 3-33　火箭燃烧舱温度监测模型

火箭的燃料随着时间损耗，不可复制，这是区别于曹冲称象的地方。

火箭燃烧舱外温度传感器测量得到的温度值和计算模型得出的外部温度值怎样才能无限接近呢？即 Error = T_ext − T_ext′ 近似为 0。

如果 Error =0，就是前面讲到的 PID 控制算法。实际上，这就是引入了闭环反馈系统，Error 需要经过处理运算，K×Error（为什么是"乘"，参考 PID 的比例乘法）的值反馈给数学计算模型，由数学计算模型和 K 组成状态观察器，如图 3-34 所示。

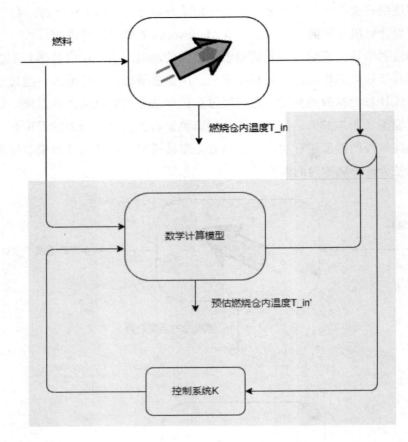

图 3-34　状态观察器

那么如何选择合适的控制系统增益 K，以使误差 Error 最小呢？这就得使用卡尔曼滤波器。

卡尔曼（Rudolf Emil Kalman）是匈牙利数学家，1930 年出生于匈牙利首都布达佩斯，于 1953 年、1954 年在麻省理工学院分别获得电动机工程学士及硕士学位。1957 年在哥伦比亚大学获得博士学位。现在要学习的卡尔曼滤波器，正是源于他的博士论文和 1960 年发表的论文《A New Approach to Linear Filtering and Prediction Problems》（线性滤波与预测问题的新方法）。

卡尔曼滤波的一个典型实例是从一组有限的、包含噪声的物体位置的观察序列（可能有偏差）预测出物体的位置坐标及速度。在很多工程应用（如雷达、计算机视觉）中都可以找到它的身影。同时，卡尔曼滤波也是控制理论以及控制系统工程中的一个重要课题。例如，对于雷达来讲，人们感兴趣的是其能够跟踪目标，但目标的位置、速度、加速度的测量值往往在任何时候都有噪声。卡尔曼滤波利用目标的动态信息，设法去掉噪声的影响，得到一个关于目标位置的好的估计。这个估计可以是对当前目标位置的估计（滤波），也可以是对将来位置的估计（预测），也可以是对过去位置的估计（插值或平滑）。

卡尔曼滤波涉及概率、正态分布，随机变量、高斯分布等数学知识。

实际上卡尔曼滤波是一种状态观察器，只不过是为随机系统设计的。如何将 K×Error 运算后的值送入计算模型，使 Error 达到最小？下面再来看一个例子。

国内某高校开展无人车比赛，要求在 100 种户外场地中到达 1 km 处的目标点，评判标准是平均值落在 1 km 的点上和密度最大的队伍获胜，如图 3-35 所示。

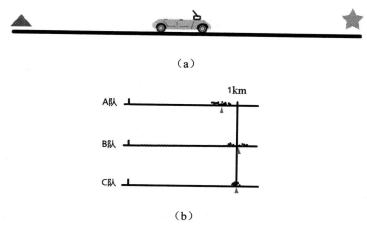

（a）

（b）

图 3-35　无人车比赛和比赛结果

有三个队伍 A 队、B 队、C 队成功晋级决赛，决赛结果如图 3-35（b）所示。

从图 3-35 中发现，A 队的平均值没有落在目标点上，B 队的平均值虽然接近目标点，但落选点的密度比较小，也就是离散程度高，C 队的平均值既落在了目标点上，也比较密集。显然 C 队获胜。

通过本例引入一个在概率中度量离散程度的概念：方差。方差的数学描述是在一个数据集中，每个数据和所有数据的平均值做差，然后将所有的差值平方后相加再求均值。方差越大，离散程度越高；方差越小，数据越密集。

综上可知，方差越小，Error 会越小。

实际应用中，单独依靠 GPS 定位不够准确，会存在极大误差，所以要结合卡尔曼滤波，定位才能更准确。

无人车的输入控制是油门，油门变换成车速度。然后通过 GPS 定位观测，得到观测后的位置，观测不会完全准确，会有一个测量误差。无人车会通过运动学公式，例如初速度、加速度、时间这些参数预估一个位置，当然预测的位置也存在误差，这个误差叫预估误差。无人车定位的数学模型如图 3-36 所示。

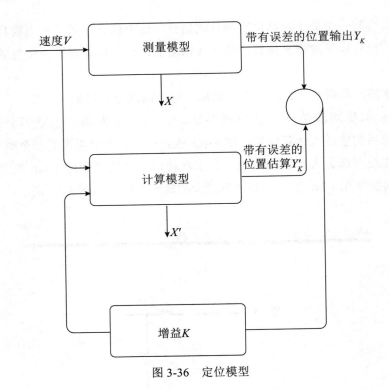

图 3-36　定位模型

接下来讲解如何用卡尔曼滤波来解决问题。

卡尔曼提出了一个由线性公式变换而来的算法。一般线性公式是"$y=ax+by$"，卡尔曼滤波公式结合上一次位置、最新的控制量、观测噪声、增益 K 值，将线性公式修正为：

$$X_k = AX_{k-1} + Bu_k + w_k$$
$$Y_k = CX_k + v_k$$

（3-16）

其中，X_k 代表上一次位置，u_k 代表当前的控制输出量，理解成油门的输出等，w_k 代表观测噪声（噪声服从高斯分布），CX_k 代表影响因子，可以是单一因子，即一个参数，多个影响因子则是一个矩阵。简单的计算模型，C 可以认为 1，V_k 可以忽略不计。式（3-16）适用于图 3-37 中的测量模型和运动计算模型。

如图 3-37 所示，运动计算模型经过闭环后又可以写成带有增益 K 的式子。最终如式（3-17）所示。

$$X_k' = X_{k-1}' + K（Y_k - X_k'）$$

（3-17）

其中，X_k' 表示本次预估的最终值，X_{k-1}' 是由图 3-37 中的计算模型预估出来的最终实际值，K 表示增益，Y_k 表示当前测量，Y_k' 是由图 3-37 中的计算模型预估出来的预估实际值。

卡尔曼的巧妙之处在于 K 值的动态变换，决定了测量值 Y_k 和预估值 Y_{k-1}' 之间的关系。当 K 接近于 0 时，最终值偏向于上次的预估值，当 K 接近于 1 时，根据式（3-16），将 Y_k' 用 X_{k-1}' 替换，X_{k-1}' 会被抵消，最终值偏向于当前的测量值。

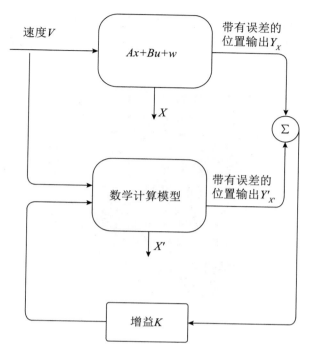

图 3-37 测量模型和运动计算模型

而 k 值则由测量值的噪声和预估值的噪声决定。一般写成测量噪声 / (测量噪声和预估噪声之和),如式(3-18)所示。

$$k=\frac{P}{P+R}$$

(3-18)

其中,P 表示预估噪声的方差,R 表示测量噪声的方差。

卡尔曼部分的源码如下:

```
01    #include "kalman.h"
02
03    void Kalman::update(double measurement)
04{
05    // 将所有的噪声求和
06    this->p =this->p +this->q;
07    // 动态 K 由预估和测量决定
08    this->k =this->p /(this->p +this->r);
09    this->x =this->x +this->k *(measurement -this->x);
10    this->p =(1-this->k)*this->p;
11 }
```

实际应用中,所遇到的问题也许并非是简单的线性系统,而是更复杂的非线性系统,这需要借助扩展卡尔曼滤波解决。例如,在操场上遛弯的机器人,需要知道自己的位置才能遛弯,所以需用 GPS 传感器获得当前 GPS 经纬度信息。由于传感器本身有误差,GPS 的定位精度一般在 15 ～ 23 m。如果定位距离控制在 1 m 以内,可以借助 IMU 模块

（图3-38），得到角度、角加速度等。机器人遛弯时可能受到风的影响，方向偏了一点，或者遇到不平的地面而翻倒。扩展卡尔曼就可以将里程计、IMU陀螺仪、GPS传感器进行多方位融合，得出最好的位置预测。

图3-38　载有IMU的车体

3.5　本章总结

　　本章从开发语言、软件、网络协议、算法等方面入手，讲解了一些必备的基础知识。

　　算法学习是一个循序渐进的过程，不要操之过急指望读完就会，需要经过时间的消化、实践的验证，终有一天会大彻大悟。

　　算法是比较难跨越的一个关卡，本书提供了仿真和实例程序运行效果图帮助理解。本章只是理论的起点，实践和应用将会在后面的章节中继续讲解。

第 2 部分

技 术 提 升

第4章 轮式机器人的底盘控制器：STM32 开发

本章将讲解以 STM32 单片机为基础的底盘控制器开发，涉及的知识点有 GPIO、PWM、定时器、串口、ADC 等。扫描本书封底的二维码，可下载 STM32 单片机的文件夹，学习 STM32 的文件结构，源代码在 USER 文件夹下，如图 4-1 所示。

后缀名为".uvprojx"的文件是应用程序的入口文件，如图 4-2 所示。

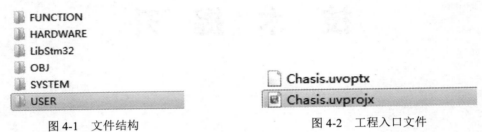

图 4-1 文件结构   图 4-2 工程入口文件

在已经安装好 Keil 软件的前提下，双击".uvprojx"文件，打开后的工程文件如图 4-3 所示。

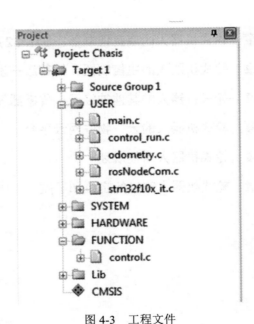

图 4-3 工程文件

笔者将工程文件中的关键文件进行整理和说明，如表 4-1 所示。

表 4-1　关键文件表

文件名	说明
main.c	主函数入口
STM32f10x_it.c	中断函数
encder.c	编码函数
rosNodecom.c	打包发送编码数据函数
motor.c	电动机控制前后左右运动的函数
Control_run.c	串口接收发送的相关函数
odemtry.c	里程计相关

接下来介绍轮式机器人底盘中用到的功能以及函数实现，包括定时器的应用、编码器的读取、PID 转速控制、PWM 输出、数据解析、数据打包等。

4.1　底盘控制器的对外神经元：输出 PWM

轮式机器人使用的 GA370 电动机的最佳驱动方式是基于 PWM 方式。在电动机控制中，PWM 是必须掌握的，包括频率控制、占空比调节。PWM 方式是在可变波形，通过占空比，也就是高电平所占一个周期的比例实现电压的调节。例如，满载电压是 12 V，使用 1 kHz 的 PWM 输出，当占空比为 50% 时，可以认为该引脚控制输出为 6 V 左右。STM32 控制器中已集成了 PWM 寄存器，用户仅根据寄存器配置就可以自定义 PWM 的输出。

4.1.1　使用 Keil 模拟 PWM 输出

PWM 输出可以使用 Keil 仿真进行简单了解。

第 1 步，打开 Keil 软件，单击 Options for Target 1 'Target 1'，选择 Debug 选项，选中 Use Simulator 单选按钮，如图 4-4 所示。

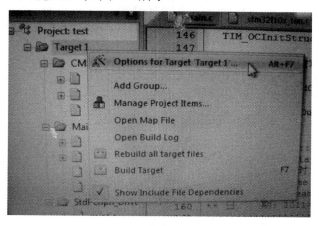

（a）

图 4-4　Options 窗口

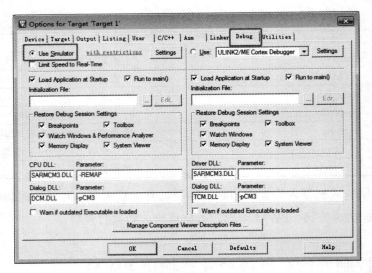

（b）

图 4-4 （续）

第 2 步，单击 Debug 按钮，如图 4-5 所示。

图 4-5 调试按钮

第 3 步，进入调试界面，单击 Logic Analyzer 选项，如图 4-6 所示。

图 4-6 单击 Logic Analyzer 选项

第 4 步，在 Logic Analyzer 窗口单击 Setup 选项，如图 4-7 所示。

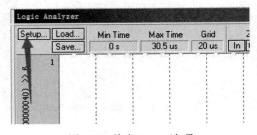

图 4-7 单击 Setup 选项

第5步，单击"新建"按钮，在弹出的对话框内输入大写的IO端口，例如，如果是PD13就输入PORTD.13，关闭后全速运行仿真软件即可。新建完成后，选中该端口，在下方的Display Type选项中设置为"Bit"，如图4-8（b）所示。

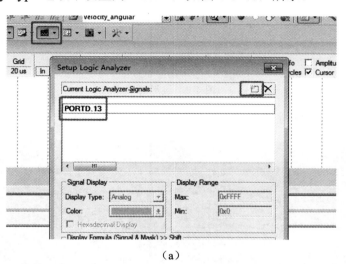

（a）

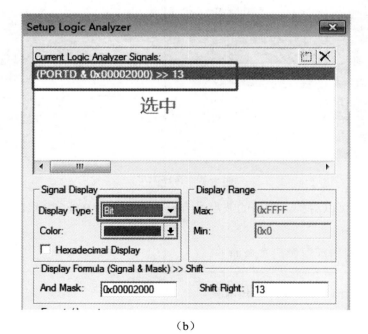

（b）

图4-8 输入示意图

第6步，运行一段时间后停止，会出现一段波形，此时可计算波形的周期。通过鼠标标定一个上升沿作为参考点（Reference Point，图4-9中虚线所示），然后移动鼠标到下一个上升沿，在弹出的信息框中找到Delta的选项，显示信息即为周期，如图4-9所示。

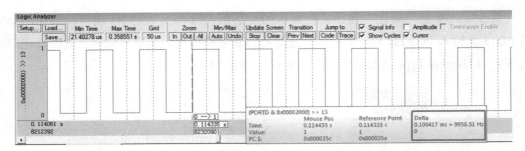

图 4-9 波形展示

图中显示为 9958.51 Hz，与程序中设置的 10 kHz 很接近，如图 4-10 所示。

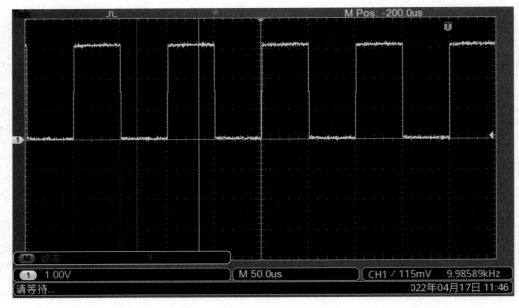

图 4-10 实际波形

从图 4-10 中可以看到，输出的波形是方波，且频率为 9.98589 kHz（实际测量中存在误差）。

该实验的定时器配置源码参考如下。

```
01    //TIMER_Init 定时器 2 初始化配置
02    void Init_TIMER(void)
03{   // 定义一个定时器结构体变量
04    TIM_TimeBaseInitTypeDefTIM_BaseInitStructure;
05    // 使能定时器 4，非常重要
06       RCC_APB1PeriphClockCmd(RCC_APB1Periph_TIM4, ENABLE);
07
08    TIM_DeInit(TIM4);                    // 将 IM2 定时器初始化位复位值
09    TIM_InternalClockConfig(TIM4);    // 配置 TIM4 内部时钟
10    TIM_BaseInitStructure.TIM_Period=7200-1;
```

```
                        // 设置自动重载寄存器值为最大值，0~65535 之间，72000000/7200=10kHz
11   //TIM_Period（TIM1_ARR）=7200，计数器向上计数到 7200 产生更新事件
12   // 计数值归零，也就是 0.1ms 产生更新事件一次
13   TIM_BaseInitStructure.TIM_Prescaler=0;
                        // 自定义预分频系数为 0，即定时器的时钟频率为 72M，提供给定时器的时钟
14   TIM_BaseInitStructure.TIM_ClockDivision= TIM_CKD_DIV1;// 时钟分割为 0
15   TIM_BaseInitStructure.TIM_CounterMode=TIM_CounterMode_Up;
16   //TIM 向上计数模式从 0 开始向上计数，计数到 1000 产生更新事件
17   TIM_TimeBaseInit(TIM4,&TIM_BaseInitStructure);
                        // 根据指定参数初始化 TIM 时间基数寄存器
18
19   TIM_ARRPreloadConfig(TIM4, ENABLE);// 使能 TIMx，在 ARR 上的预装载寄存器
20
21   TIM_Cmd(TIM4, ENABLE);              //TIM4 总开关：开启
22 }
23   //PWM_Init 配置 PWM 通道及占空比
24   void Init_PWM(uint16_tDutyfactor)
25 {
26   TIM_OCInitTypeDefTIM_OCInitStructure;   // 定义一个通道输出结构
27
28
29   TIM_OCStructInit(&TIM_OCInitStructure);// 设置默认值
30
31   TIM_OCInitStructure.TIM_OCMode= TIM_OCMode_PWM1;//PWM 模式 1 输出
32   TIM_OCInitStructure.TIM_Pulse=Dutyfactor;
                                // 设置占空比，占空比=(CCRx/ARR)*100%
                                // 或 (TIM_Pulse/TIM_Period)*100%
33   //PWM 的输出频率为 F=72M/7200=1MHz
34   TIM_OCInitStructure.TIM_OCPolarity=TIM_OCPolarity_High;
35  //TIM 输出使能
36   TIM_OCInitStructure.TIM_OutputState=TIM_OutputState_Enable;
37   // 使能输出状态，需要 PWM 输出才需要这行代码
38       TIM_OC2Init(TIM4,&TIM_OCInitStructure);// 根据参数初始化 PWM 寄存器
39
40       TIM_OC2PreloadConfig(TIM4,TIM_OCPreload_Enable);
             // 使能 TIMx 在 CCR2 上的预装载寄存器
41
42   TIM_CtrlPWMOutputs(TIM4,ENABLE);;// 设置 TIM4 的 PWM 输出为使能
43 }
```

注意此实验仅用于 PWM 的测试实验，注意区分机器人设计中的引脚。

4.1.2　机器人中使用的 PWM

机器人使用的定时器较多，用于输出 PWM 或者捕获 PWM 波形，详细信息如表 4-2 所示。

表 4-2　定时器列表

定时器序号	功能	对应引脚
TIME1	10 ms 中断定时器	无
TIME2	捕获电动机的编码器进行测速	PA0、PA1
TIME3	PWM 驱动舵机	PA6、PA7、PC4、PC5
TIME4	捕获电动机的编码器进行测速	PB6、PB7

4.2　底盘控制器的运动神经元：驱动控制

4.2.1　驱动控制器的连接

L298N 和 TB6612FNG 在使用方法上基本一致，驱动模块的引脚和 STM32 的连接引脚为 PWMA、PWMB、AIN1、AIN2、BIN1、BIN2，如图 4-11 所示。

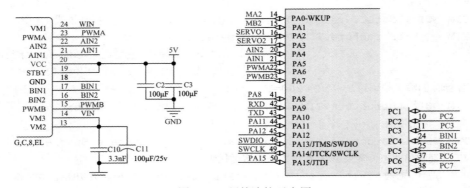

图 4-11　硬件连接示意图

驱动芯片的两路电机接口需要 6 根引脚和单片机 STM32F103RCT6 连接，包括两路 PWM 的控制引脚。

4.2.2　驱动源码分析

使用单片机 STM32 的定时器 3 输出可控的 PWM 波形，定时器 3 的第 2 通道和第 3 通道为两路 PWM 输出通道。配置为向上计数自动清零的计数模型，见下面代码的第 26～30 行。

```
01   void   Tim3_Pwm_Init(u16 arr,u16 psc)
02   {
03       GPIO_InitTypeDef GPIO_InitStructure;
04       TIM_TimeBaseInitTypeDef TIM_TimeBaseStructure;
05       TIM_OCInitTypeDef TIM_OCInitStructure;
06       RCC_APB1PeriphClockCmd(RCC_APB1Periph_TIM3, ENABLE);// TIM3
07       RCC_APB2PeriphClockCmd(RCC_APB2Periph_GPIOA|RCC_APB2Periph_GPIOC,
         ENABLE);//GPIO 时钟使能
08
09
10       //TIM1 PWM 通道
11       GPIO_InitStructure.GPIO_Pin= GPIO_Pin_7|GPIO_Pin_6;
12       GPIO_InitStructure.GPIO_Mode=GPIO_Mode_AF_PP;// 引脚复用
13       GPIO_InitStructure.GPIO_Speed= GPIO_Speed_50MHz;
14       GPIO_Init(GPIOA,&GPIO_InitStructure);
15
16       GPIO_InitStructure.GPIO_Pin= GPIO_Pin_4|GPIO_Pin_5;
17       GPIO_InitStructure.GPIO_Mode=GPIO_Mode_Out_PP;
18       GPIO_InitStructure.GPIO_Speed= GPIO_Speed_50MHz;
19       GPIO_Init(GPIOA,&GPIO_InitStructure);
20
21       GPIO_InitStructure.GPIO_Pin= GPIO_Pin_4|GPIO_Pin_5;
22       GPIO_InitStructure.GPIO_Mode=GPIO_Mode_Out_PP;
23       GPIO_InitStructure.GPIO_Speed= GPIO_Speed_50MHz;
24       GPIO_Init(GPIOC,&GPIO_InitStructure);
25       // 设定计数器自动重装值
26       TIM_TimeBaseStructure.TIM_Period=arr;      // 决定输出 PWM 波的频率
27       TIM_TimeBaseStructure.TIM_Prescaler=psc;//TIMx 不分频
28       TIM_TimeBaseStructure.TIM_ClockDivision=0;
29       TIM_TimeBaseStructure.TIM_CounterMode=TIM_CounterMode_Up;
30       TIM_TimeBaseInit(TIM3,&TIM_TimeBaseStructure);
31
32       TIM_OCInitStructure.TIM_OCMode= TIM_OCMode_PWM2;
33       TIM_OCInitStructure.TIM_OutputState=TIM_OutputState_Enable;
34       TIM_OCInitStructure.TIM_Pulse=0;
35       TIM_OCInitStructure.TIM_OCPolarity=TIM_OCPolarity_High;
36       TIM_OC1Init(TIM3,&TIM_OCInitStructure);
37       TIM_OC2Init(TIM3,&TIM_OCInitStructure);
38
39       TIM_OC1PreloadConfig(TIM3,TIM_OCPreload_Enable);
40       TIM_OC2PreloadConfig(TIM3,TIM_OCPreload_Enable);
41       TIM3->CCER   |=   TIM_CCER_CC2P;
42       TIM3->CCER   |=   TIM_CCER_CC1P;
43       TIM_CtrlPWMOutputs(TIM3,ENABLE);
44       TIM_ARRPreloadConfig(TIM3, ENABLE);
```

```
45
46          TIM_Cmd(TIM3, ENABLE);
47
48      }
```

图 4-12　PWM 测试实验

L298N 可以驱动 6 ～ 12V 的直流小电动机，PWM 波要合适才不会听到鸣叫。经过实验，L298N 在 15 kHz 时不会鸣叫，并且在占空比达到 60% 时，机器人的轮子才可以动起来，但是将占空比下调到 40% 时轮子依旧在转，小于 40% 时才停止转动。PWM 驱动直流小电动机时，刚启动时应该由较高的占空比驱动，然后逐渐稳定。PWM 测试实验如图 4-12 所示。

用户可以通过下面这两个函数进行调速。

set_PWM1(10000，5000)；//15 kHz，50% 的占空比

set_PWM2(10000，6000);//15 kHz，60% 的占空比

4.3　底盘控制器的捕获神经元：PWM 捕获测速

4.3.1　硬件

在第 2 章中介绍了编码测速的相关原理，本节介绍 STM32 中如何使用程序开发捕获功能。硬件连接如图 4-13 所示。

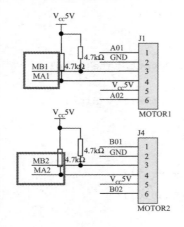

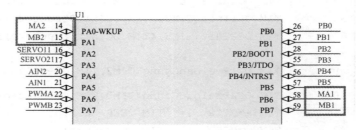

图 4-13　硬件连接示意图

两路捕获分别为 MA1、MB1 和 MA2、MB2 对应单片机的 PA0、PA1、PB6、PB7。
编码测速电源电压为 5V，编码传感器的引脚可以和单片机直接连接。

4.3.2　测速源码分析

以定时器 2 配置寄存器为例，在第 10 行将对应的引脚配置为浮动输入模式，第 17
行配置为向上计数模式，第 20 行调用编码接口配置，第 23 行使用滤波器。第 30 行的
CNT 读取计数。

```
01    void Encode_Init_TIM2(void)
02    {
03        TIM_TimeBaseInitTypeDef TIM_TimeBaseStructure;
04        TIM_ICInitTypeDef TIM_ICInitStructure;
05        GPIO_InitTypeDef GPIO_InitStructure;
06        RCC_APB1PeriphClockCmd(RCC_APB1Periph_TIM2, ENABLE);
07        RCC_APB2PeriphClockCmd(RCC_APB2Periph_GPIOA, ENABLE);
08
09        GPIO_InitStructure.GPIO_Pin= GPIO_Pin_0|GPIO_Pin_1;
10        GPIO_InitStructure.GPIO_Mode=GPIO_Mode_IN_FLOATING;
11        GPIO_Init(GPIOA,&GPIO_InitStructure);
12
13        TIM_TimeBaseStructInit(&TIM_TimeBaseStructure);
14        TIM_TimeBaseStructure.TIM_Prescaler=0x0;
15        TIM_TimeBaseStructure.TIM_Period= ENCODER_TIM_PERIOD;
16        TIM_TimeBaseStructure.TIM_ClockDivision= TIM_CKD_DIV1;
17        IM_TimeBaseStructure.TIM_CounterMode=TIM_CounterMode_Up;
18        TIM_TimeBaseInit(TIM2,&TIM_TimeBaseStructure);
19
20        TIM_EncoderInterfaceConfig(TIM2, TIM_EncoderMode_TI12,TIM_
          ICPolarity_Rising,TIM_ICPolarity_Rising);
21        // 初始化结构体
22        TIM_ICStructInit(&TIM_ICInitStructure);
23        TIM_ICInitStructure.TIM_ICFilter=6;
24        TIM_ICInit(TIM2,&TIM_ICInitStructure);
25        TIM_ClearFlag(TIM2,TIM_FLAG_Update);
26        TIM_ITConfig(TIM2,TIM_IT_Update, ENABLE);
27        // 复位
28        TIM_SetCounter(TIM2,0);
29
30        TIM2->CNT =0;
31
32        TIM_Cmd(TIM2, ENABLE);
33    }
34
```

在定时器 1 的 10 ms 中断采集编码计数，并使用 PID 控制速度。该部分的源码如下。

```
01      // 定时器 1 计数器中断服务函数
02      int TIM1_UP_IRQHandler(void)
03      {
04      if(TIM1->SR&0X0001)//10ms 定时中断
05      {
06
07              TIM1->SR&=~(1<<0);// 清除定时器 1 的中断标志位
08              cnt10ms ++;
09              cnt50ms ++;
10              cnt500ms ++;
11              //50ms 响应
12              // 接收到一帧数据
13              if(rec_suc==1){
14              // 格式转换
                convertvectowheel(com_x_rcv_data.linear_vx.fv,com_x_rcv_
                data.angular_v.fv,com_x_rcv_data.linear_vy.fv);
15                      cnt1s =0;
16                      rec_suc=0;
17                      begincounterflg=1;
18                  }
19          if(begincounterflg==1)
20              {
21                  cnt1s ++;
22                      if(cnt1s >=(50))//500ms 中断时间到
23                      {
24                      cnt1s =0;
25                          convertvectowheel(0.0,0.0,0.0);
26                          begincounterflg=0;
27                      }
28                  }
29              cnt100ms =0;
                // 读取编码器的值，M 法测速，输出为每 10ms 的脉冲数
30              T_EncoderLeft+= Encoder2=Read_Encoder(2);
                // 读取编码器的值，M 法测速，输出为每 10ms 的脉冲数
31              Encoder_right=-Read_Encoder(4);
32              T_EncoderRight+=Encoder_right;
                // 速度 PI 控制器
33              Moto2=-Incremental_PI2(Encoder2,Target_velocity_left);
34              Motor_right=Incremental_PI((Encoder_right),(Target_
                velocity_right));        // 速度 PI 控制器
35              Xianfu_Pwm();               //PWM 限幅
36              Xianfu_Pwm2();              //PWM 限幅
37              Moto1 =Motor_right;
38              Set_Pwm(Motor_right);
```

```
39                    Set_Pwm2((int)(Moto2));
40            }
41        return 0;
42    }
```

4.4　底盘控制器的中枢神经元：串口通信控制指令

STM32通过串口1和上位机与树莓派进行通信。串口1使用中断的方式进行接收，指令长度小，要求不是很高。

串口1初始化为波特率115200，8位数据位。端口号为PA9、PA10，代码如下。

```
01   RCC_APB2PeriphClockCmd(RCC_APB2Periph_USART1 , ENABLE);
02    RCC_APB2PeriphClockCmd(RCC_APB2Periph_GPIOA, ENABLE);
03   /* 配置 USART1 Tx(PA.09) */
04   GPIO_InitStructure.GPIO_Pin= GPIO_Pin_9;
05   GPIO_InitStructure.GPIO_Mode=GPIO_Mode_AF_PP;
06   GPIO_InitStructure.GPIO_Speed= GPIO_Speed_50MHz;
07   GPIO_Init(GPIOA,&GPIO_InitStructure);
08
09    /* 配置 USART1 Rx(PA.10) 浮空输入 */
10   GPIO_InitStructure.GPIO_Pin= GPIO_Pin_10;
11   GPIO_InitStructure.GPIO_Mode=GPIO_Mode_IPU;
12   GPIO_Init(GPIOA,&GPIO_InitStructure);
13
14   USART_ClockInitStructure.USART_Clock=USART_Clock_Disable;
15   USART_ClockInitStructure.USART_CPOL=USART_CPOL_Low;
16   USART_ClockInitStructure.USART_CPHA= USART_CPHA_2Edge;
17   USART_ClockInitStructure.USART_LastBit=USART_LastBit_Disable;
18   /* 配置 USART1 同步参数 */
19   USART_ClockInit(USART1,&USART_ClockInitStructure);
20
21   USART_InitStructure.USART_BaudRate=BaudRate;
22   USART_InitStructure.USART_WordLength= USART_WordLength_8b;
23   USART_InitStructure.USART_StopBits= USART_StopBits_1;
24   USART_InitStructure.USART_Parity=USART_Parity_No;
25   USART_InitStructure.USART_HardwareFlowControl=USART_HardwareFlowControl_None;
26
27   USART_InitStructure.USART_Mode=USART_Mode_Rx|USART_Mode_Tx;
28   /* 配置 USART 参数 */
29   USART_Init(USART1,&USART_InitStructure);
30   USART_ITConfig(USART1, USART_IT_RXNE, ENABLE);
31   USART_Cmd(USART1, ENABLE);
```

接收函数在 STM32f10x.c 中实现。

```
01    // 串口 1 中断服务函数
02    void USART1_IRQHandler(void)
03    {
04            if(USART_GetITStatus(USART1, USART_IT_RXNE) != RESET)
05      {
06          u8 tmp,ret ;
07          tmp = USART_ReceiveData(USART1);
08
09        ret = UART_CtlPkgRead(tmp);
10            if(ret ==0 )
11            uart1recflg =1;
12      }
13
14    }
```

通过下面的解析函数将程序联系在一起。最终通过合法的指令给到 cmdInfor 结构体中，并在其他函数中调用。

```
01    //STM32 程序接收指令解析函数
02    u16 UART_CtlPkgRead(u8 dat)
03    {
04        u16 KBD_Crc=0;
05        u8  ret=0;
06        static char rosRec=0;
07        static u16 KBD_Counter=0;
08        static u16 KBD_Lenght=0;
09        static u8 buf[32];
10        switch(KBD_Counter)
11          {
12              case 0:
13              if((dat==START_AA))// 判断包头
14                {
15                      buf[KBD_Counter++]=START_AA;
16                      rosRec=0;
17                      ret =2;
18                }elseif((dat==0xff))
19                  {
20                      buf[KBD_Counter++]=dat;
21                      ret =2;
22                      rosRec=1;
23                  }
24                  else
```

```
25                {
26                        KBD_Counter=0;
27                        ret =1;
28                        return ret;
29                }
30            break;
31            case 1:
32             if((dat==START_55))
33               {
34                        buf[KBD_Counter++]=START_55;
35                        ret=2;
36                }elseif((dat==0xff))
37                 {
38                        buf[KBD_Counter++]=dat;
39                        ret=2;
40                        rosRec=1;
41                }
42            else
43               {
44                        KBD_Counter=0;
45                        ret =1;
46                          rosRec=0;
47                }
48            break;
49                case 2:
50                // 帧数据的长度值
51                if(rosRec==0)
52               {
53                        KBD_Lenght=dat;
54                        buf[KBD_Counter++]=dat;
55                        ret=2;
56                }else if(rosRec==1)
57                 {
58                        KBD_Lenght=15;// 数据总长度 15
59                        buf[KBD_Counter++]=dat;
60                        ret=2;
61                }
62            break;
63            case 3:
64                        // 数据点长度值之后是 CMD 命令
65                        buf[KBD_Counter++]=dat;
66                        ret=2;
67            break;
68
69            default:
```

```
70              if(rosRec==0)
71          {
72              if(KBD_Counter<(KBD_Lenght+3-1))
73              {
74                  buf[KBD_Counter++]=dat;
75                  ret =2;
76              }
77              else if(KBD_Counter==(KBD_Lenght+3-1))
78              {
79                  buf[KBD_Counter]=dat;
80                  cmdInfor.cmd =buf[3];
81              memcpy(cmdInfor.bufValue,buf+4,KBD_Lenght-1);
82                  if(cmdInfor.cmd ==0xf4)
83                  {
84                      if(cmdInfor.bufValue[0]==1)
85                      {
86                          switch_frompc=1;
87
88                      }
89                      elseif(cmdInfor.bufValue[0]==5){
90                          switch_frompc=0;
91                      }
92                  }
93                  KBD_Counter=0;
94                  KBD_Lenght=0;
95                  ret =0;
96                  memset(buf,0,32);
97              }
98          }else if(rosRec==1)
99          {
100             if(KBD_Counter<(KBD_Lenght))
101             {
102                 buf[KBD_Counter++]=dat;
103                 ret =2;
104             }
105             else if(KBD_Counter==(KBD_Lenght))// 长度相等
106             {
107                 buf[KBD_Counter]=dat;
108                 if(get_data_analyze(buf)==0){// 校验成功
109                 rec_suc=1;
110                 // 解析成功
111                 memset(buf,0,32);
112                 KBD_Counter=0;
113                 KBD_Lenght=0;
114                 ret =0;
```

```
115                              }
116                          else{// 解析失败重新解析
117                              KBD_Counter=0;
118                              KBD_Lenght=0;
119                              ret =1;
120                              memset(buf,0,32);
121                          }
122
123                      }
124                  }
125              break;
126          }
127      return ret;
128  }
```

4.5   底盘控制器的触觉神经元：ADC 电池电压监测

4.5.1   硬件连接

本例中的电池电压为 12 V，单片机 STM32 的参考电压为 3.3 V，所以需要在硬件上做电压分压设计。如图 4-14 所示，V_{IN} 为 12 V 输入，经过 10 kΩ 和 1 kΩ 的电阻流入 GND，那么在 1 kΩ 电阻上的分电为 1/（10+1）。

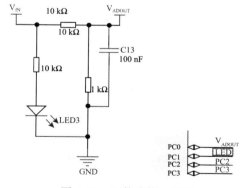

图 4-14   硬件连接示意图

4.5.2   源码分析

设置 ADC1 寄存器的第 12 通道，采样分辨率为 4096，参考电压为 3300 mV，所以采集的 ADC 值 /4096×3300 mV，为实际电压。由于电压经过分压采样，所以再经过比例分压就得到实际电压，程序代码如下，第 50 行为得到的实际电压。

```
01    //ADC 初始化
02    void ADC1_Init(void)
03    {
04        // 使能端口时钟和 ADC 时钟，设置引脚模式为模拟输入
05        GPIO_InitTypeDef GPIO_InitStructure;// 定义结构体变量
06        ADC_InitTypeDef ADC_InitStructure;
07        RCC_APB2PeriphClockCmd(RCC_APB2Periph_GPIOC|RCC_APB2Periph_
          ADC1,ENABLE);
08
09        // 设置 ADC 的分频因子
10        RCC_ADCCLKConfig(RCC_PCLK2_Div6);
          // 设置 ADC 分频因子为 6，72M/6=12，ADC 最大时间不能超过 14M
11
12        // 初始化 ADC 参数，包括 ADC 工作模式、规则序列等
13        GPIO_InitStructure.GPIO_Pin=GPIO_Pin_10;                    //ADC
14        GPIO_InitStructure.GPIO_Mode=GPIO_Mode_AIN;             // 模拟输入
15        GPIO_InitStructure.GPIO_Speed=GPIO_Speed_50MHz;
16        GPIO_Init(GPIOC,&GPIO_InitStructure);
17        ADC_InitStructure.ADC_Mode=ADC_Mode_Independent;       // 独立模式
18        ADC_InitStructure.ADC_ScanConvMode= DISABLE;          // 非扫描模式
19        ADC_InitStructure.ADC_ContinuousConvMode= DISABLE;// 关闭连续转换
20        ADC_InitStructure.ADC_ExternalTrigConv=ADC_ExternalTrigConv_
          None;                        // 禁止触发检测，使用软件触发
21        ADC_InitStructure.ADC_DataAlign=ADC_DataAlign_Right;// 右对齐
22        ADC_InitStructure.ADC_NbrOfChannel=1;
                          //1 个转换在规则序列中也就是只转换规则序列 1
23        ADC_Init(ADC1,&ADC_InitStructure);//ADC 初始化
24        // 使能 ADC 并校准
25        ADC_Cmd(ADC1, ENABLE);                      // 开启 AD 转换器
26        ADC_ResetCalibration(ADC1);             // 重置指定的 ADC 校准寄存器
27        while(ADC_GetResetCalibrationStatus(ADC1));
                              // 获取 ADC 重置校准寄存器的状态
28        ADC_StartCalibration(ADC1);// 开始指定 ADC 的校准状态
29        while(ADC_GetCalibrationStatus(ADC1));// 获取指定 ADC 的校准程序
30        ADC_SoftwareStartConvCmd(ADC1, ENABLE);
                              // 使能或者失能指定的 ADC 的软件转换功能
31    }
32    //AD 采样，ADC1 的通道
33    u16 Get_ADC_Value(u8 ch)
34    {
35        u32 temp_val=0;
36        u8 t;
```

```
37      // 设置指定 ADC 的规则组通道、采样时间等
38      ADC_RegularChannelConfig(ADC1, ch,1, ADC_SampleTime_239Cycles5);
39      //ADC1,ADC 通道,239.5 个周期,采样时间越短精确度越高
40      ADC_SoftwareStartConvCmd(ADC1, ENABLE);
        // 使能指定的 ADC1 的软件转换启动功能
41      while(!ADC_GetFlagStatus(ADC1, ADC_FLAG_EOC ));// 等待转换结束
42      temp_val=ADC_GetConversionValue(ADC1);
43
44  return temp_val;
45  }
46  // 读取电池电压，单位为 mV
47  int Get_battery_volt(void)
48  {
49      int Volt;// 电池电压
50      Volt=Get_ADC_Value(Battery_Ch)*3.3*11.0*100/1.0/4096;
51      return Volt;
52  }
```

4.6 底盘控制器的发光控制神经元：LED 控制

4.6.1 硬件连接

采用单片机的 PC1 引脚控制 LED 的亮灭，硬件连接示意图如图 4-15 所示。

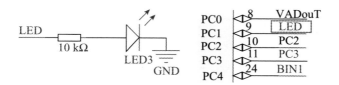

图 4-15 硬件连接示意图

4.6.2 源码分析

LED 的配置其实就是最简单的 I/O 配置，仅需要配置好引脚的时钟线和引脚的输出模式，就可以使用引脚输出高电平了。

```
01  //LED 引脚初始化
02  void LED_Init(void)
03  {
04      GPIO_InitTypeDefGPIO_InitStructure;
```

```
05          TIM_TimeBaseInitTypeDefTIM_TimeBaseStructure;
06          // 使能 GPIOA 时钟
07          RCC_APB2PeriphClockCmd(RCC_APB2Periph_GPIOC |RCC_APB2Periph_
            GPIOA , ENABLE);
08          GPIO_InitStructure.GPIO_Pin= GPIO_Pin_1;
09          GPIO_InitStructure.GPIO_Mode=GPIO_Mode_Out_PP;
10          GPIO_InitStructure.GPIO_Speed= GPIO_Speed_50MHz;
11          GPIO_Init(GPIOC,&GPIO_InitStructure);
12      }
13
14      //LED 闪烁
15      void Led_Flash(u16 titme)
16      {
17          static int temp;
18          if(++temp==time) LED=~LED,temp=0;
19      }
```

4.7　本章总结

本章讲解单片机 STM32 在轮式机器人中的使用情况，以及如何使用才能让 STM32 的作用发挥更充分。首先提出 PWM 的模拟仿真，然后从硬件连接到源码逐步进行分析。

相对于其他章节，本章介绍的 STM32 的功能比较简洁，仅对用到的功能进行了介绍，如果有其他需求，建议读者查看更专业的 STM32 书籍。

第 5 章　轮式机器人的主控制器：树莓派开发

本章主要介绍树莓派（Raspberry Pi）单板计算机的环境搭建和软件开发的相关内容。其中，机器人的 IMU 模块、GPS 采集模块、导航避障算法、MQTT 的订阅发布、Web 服务器都在树莓派中完成。

5.1　树莓派简介

自 2012 年以来，树莓派已成为排名第三的计算平台，仅次于 Windows 和 macOs。据不完全统计，2020 年，树莓派的销售更是创下了 710 万台的历史新高。树莓派 3B+ 版本的电路板如图 5-1 所示。

图 5-1　树莓派电路板

树莓派配备一颗 ARM CPU，以 SD 卡为内存硬盘，主板有两个 USB 接口和一个网口，可连接键盘、鼠标和网线。同时拥有视频模拟信号的电视输出接口和 HDMI 高清视频输出接口，以及 DSI 并线显示接口和 CSI 并线摄像头接口，这些部件全部整合在一张比信用卡稍大的电路板上，具备 PC 的基本功能。只需接通显示器和键盘、鼠标，就能执行如上网、文字处理、玩游戏、播放高清视频等功能。

本书主要介绍树莓派 3B/3B+ 板卡的开发，当然树莓派 4B 也是向下兼容的。

从图 5-1 可以看到，硬件板卡具备 4 个 USB 接口，一个 RJ 网口（Ethernet LAN），一个耳机插孔，一个摄像头 CSI 接口，一个 HDMI 接口，一个显示屏 DSI 接口，40 根排针，一个 microSD 卡槽，支持 WiFi 和蓝牙。

树莓派系列资源对比如图 5-2 所示。

项目	2代B型	3代B型	3代B+型	4代B型
SoC(系统级芯片)	BCM2836	BCM2837	BCM2837B0	BCM2711
CPU(中央处理器)	ARM Cortex-A7 900MHz四核	ARM Cortex-A53 1.2GHz 四核 64位	ARM Cortex-A53 1.4GHz 四核 64位	ARM Cortex-A72 1.5GHz 四核64位
GPU(图形处理器)	Broadcom VideoCore IV OpenGL ES2.0	1080p 30 h264/MPEG-4AVC高清解码器		Broadcom VideoCore VI OpenGL ES3.x
内存	1GB	1GB	1GB	1GB/2GB/4GB/8GB
USB 2.0		4		USB2.0X2 USB3.0X2
视频输出	支持HDMI(1.3和1.4),分辨率为640x350像素～1920x1200像素支持PAL和NTSC制式。			Micro HDMI x2 ,最大分辨率为4K 60Hz 1080P
音频输出	3.5mm插孔HDMI(高清晰度多音频/视频接口)			
SD卡接口	Micro SD卡接口 标准SD卡接口 Micro SD卡接口			
WiFi	无	2.4GHz WiFi	2.4GHz和5GHz 双频WiFi,支持802.11b/g/n/ac	
蓝牙	无	蓝牙	蓝牙4.2与低功耗蓝牙(BLE)	蓝牙5.0低功耗 BLE
有线以太网	10/100以太网接口 (RJ45接口)			千兆以太网 (RJ45)
摄像头	摄像机串行接口 (CSI)			
扩展接口	40引脚扩展			
额定功率	350mA~1800mA	400mA~2500mA	500mA~2500mA	600mA~300mA
电源输入	5v, 通过MicroUSB或GPIO引脚			
总体尺寸	82mmx 56mmx 19.5mm			
操作系统	操作系统 Debian GNUlinux、Fedora、Arch Linux、RISCOS			

图 5-2   树莓派系列资源对比

5.2   树莓派资源

本节主要简单介绍树莓派的软件情况。树莓派系统用的是 ARM 架构的 Linux,大部分编程语言,如 GNU C/C++、Java、Python、Perl、PHP 都能用,支持 QT 开发。在 GitHub 上树莓派的开源项目曾一度飙升到前三名。用树莓派做各类机器人的开源代码在 GitHub 上也能搜索到。百度搜索树莓派机器人结果达 600 多万条。

除了网络资源,适用于树莓派的各种插件工具也非常多。播放音乐的工具有 Aplay、Mplayer,播放视频的工具有 Omxplayer,摄像头拍照的工具有 Fswebcam,支持 Python 2.7,可以自己安装 Python 3.6。

除此之外,可以安装 OpenCV Python 版本和 OpenCV C++ 版本。

5.3   轮式机器人的交互窗口:树莓派 Shell

Shell 提供了一个和用户进行交互的可执行指令的终端窗口。这个窗口可以使用串口接入,也可以使用网口接入。Shell 指令、Shell 脚本、Makefile 脚本、Python 程序等都可以直接在 Shell 终端运行。

"Shell 是 Linux/UNIX 的一个外壳",负责外界与 Linux 内核的交互,接收用户或其他应用程序的命令,然后把这些命令转换成内核能理解的语言。

其实脚本指令就是一些可执行的程序,将程序放到 /usr/bin 目录,并给予可执行的权限，指令格式为：

```
pi@opencv:~ $sudo chmod+x "App 的名称 "
```

这样就可以在任意路径下使用。而常用的大多是通用指令，嵌入在 Linux 系统内部。下面用例子介绍 Shell 脚本的使用方法。

实例 5-1：gpio.sh。

```
01   #!/bin/bash
02   # 利用 echo 输出一些提示语句
03   echo export pin $1
04   # 引脚在 gpio 目录中创建
05   echo $1>/sys/class/gpio/export
06   # 设置引脚为输出方向
07   echo "setting direction to output"
08   echo out >/sys/class/gpio/gpio$1/direction
09   # 设置输出为高电平
10   echo "settingGPIO  high"
11   echo 1>/sys/class/gpio/gpio$1/value
```

脚本中 echo 表示回显，脚本中如果带有符号"＞"，表示将 echo 显示的内容重新定向输出到文件中。例如，"echo $1>/sys/class/gpio/export" 就是将 $1 的值输出到"/sys/class/gpio/export"中，"export"会导出对应的 GPIO 服务。

一般情况下，由用户创建的脚本文件可读可写，但不能被执行。需要通过 chmod 指令增加可执行权限，输入以下命令（请注意，需要通过 cd 指令进入 Shell 脚本所在的目录）：

```
pi@opencv:~ $ sudo chmod +x gpio.sh
```

Shell 脚本可传入参数。例如，$1 代表第一个参数，$2 代表第二个参数，以此类推。运行该脚本可输入以下指令，使得 BCM 编号为 18，GPIO.1 输出高电平 。"sudo./gpio.sh 18"中的"18"是需要控制的 I/O 端口的引脚号，对应 BCM 的编码。查看树莓派的引脚分布情况可使用如下指令：

```
pi@opencv:~ $gpio readall
```

引脚信息如图 5-3 所示。

为了方便后续随时查看，笔者整理成如图 5-4 所示的图片。

gpio.sh 的执行结果如图 5-5 所示。

最后通过指令注销。

```
pi@opencv:~ $echo  1 > /sys/class/gpio/unexport
```

在笔者设计的机器人终端，用到的 Shell 包括：树莓派上电后自启动应用程序用到 Shell 脚本；通过网页配置 WiFi 密码需要用到脚本文件；Web 的 CGI 网关使用 Shell 脚本完成。

```
pi@opencv:~/Documents $ gpio readall
```

BCM	wPi	Name	Mode	V	Physical	V	Mode	Name	wPi	BCM
		3.3v			1 || 2			5v		
2	8	SDA.1	ALT0	1	3 || 4			5v		
3	9	SCL.1	ALT0	1	5 || 6			0v		
4	7	GPIO. 7	IN	0	7 || 8	0	IN	TxD	15	14
		0v			9 || 10	1	IN	RxD	16	15
17	0	GPIO. 0	IN	0	11 || 12	0	IN	GPIO. 1	1	18
27	2	GPIO. 2	IN	0	13 || 14			0v		
22	3	GPIO. 3	IN	0	15 || 16	0	IN	GPIO. 4	4	23
		3.3v			17 || 18	0	IN	GPIO. 5	5	24
10	12	MOSI	ALT0	0	19 || 20			0v		
9	13	MISO	ALT0	0	21 || 22	0	IN	GPIO. 6	6	25
11	14	SCLK	ALT0	0	23 || 24	1	OUT	CE0	10	8
		0v			25 || 26	1	OUT	CE1	11	7
0	30	SDA.0	IN	1	27 || 28	1	OUT	SCL.0	31	1
5	21	GPIO.21	IN	0	29 || 30			0v		
6	22	GPIO.22	IN	1	31 || 32	0	IN	GPIO.26	26	12
13	23	GPIO.23	IN	0	33 || 34			0v		
19	24	GPIO.24	IN	0	35 || 36	0	IN	GPIO.27	27	16
26	25	GPIO.25	IN	0	37 || 38	0	IN	GPIO.28	28	20
		0v			39 || 40	0	IN	GPIO.29	29	21
BCM	wPi	Name	Mode	V	Physical	V	Mode	Name	wPi	BCM

图 5-3　树莓派的引脚信息

BCM	wPi	引脚名字	Mode	V	物理引脚	V	Mode	引脚名字
		3.3v			1 || 2			5v
2	8	SDA.1	ALT0	1	3 || 4			5v
3	9	SCL.1	ALT0	1	5 || 6			0v
4	7	GPIO. 7	IN	0	7 || 8	0	IN	TxD
		0v			9 || 10	1	IN	RxD
17	0	GPIO. 0	IN	0	11 || 12	0	IN	GPIO. 1
27	2	GPIO. 2	IN	0	13 || 14			0v
22	3	GPIO. 3	IN	0	15 || 16			GPIO. 4
		3.3v			17 || 18	0	IN	GPIO. 5
10	12	MOSI	ALT0	0	19 || 20			0v
9	13	MISO	ALT0	0	21 || 22		IN	GPIO. 6
11	14	SCLK	ALT0	0	23 || 24	1	OUT	CE0
		0v			25 || 26	1	OUT	CE1
0	30	SDA.0	IN	1	27 || 28	1	OUT	SCL.0
5	21	GPIO.21	IN	1	29 || 30			0v
6	22	GPIO.22	IN	1	31 || 32		IN	GPIO.26
13	23	GPIO.23	IN	0	33 || 34			0v
19	24	GPIO.24	IN	0	35 || 36	0	IN	GPIO.27
26	25	GPIO.25	IN	0	37 || 38		IN	GPIO.28

图 5-4　引脚信息图

```
pi@opencv:~/Documents $ sudo ./gpio.sh  18
export pin 18
setting direction to output
setting GPIO  high
pi@opencv:~/Documents $ ls /sys/class/gpio/
export  gpio18  gpiochip0  gpiochip100  gpiochip504  unexport
pi@opencv:~/Documents $
```

图 5-5　gpio.sh 的执行结果

5.4　轮式机器人上网接口：Socket 通信

树莓派支持网络 Socket 编程。Socket 是网络套接字，是介于应用层和 TCP/IP 层之间的接口。在进行应用开发时，直接调用这个接口就可以完成 TCP 通信以及自定义的 UDP 通信。如果想使用树莓派的 Socket 通信，则需要了解 Socket 相关的函数 API 等，树莓派创建 Socket 的原型如下：

```
int  Socket(int protofamily, int type, int protocol);// 返回sockfd
```

树莓派的网络编程需要绑定 IP 地址，这时可以设置 INADDR_ANY 参数，INADDR_ANY 就是指定为 0.0.0.0 的地址，事实上这个地址表示"所有地址""任意地址"。也就是表示本机的所有 IP 地址，在多网卡的情况下，就表示所有网卡的 IP 地址。例如，树莓派 3B 有无线网卡和有线网卡，在配置 IP 地址时不要混淆两者。

5.5　轮式机器人从控制器通信接口：树莓派串口

通过图 5-3 所示的 GPIO 引脚信息图可发现，BCM 编号为 14、15 的引脚分别为树莓派 3B 的发送和接收数据的引脚。但是新安装树莓派的 raspbian 系统后，需要修改引脚的映射功能，一般该引脚默认被蓝牙启用，所以读者要想直接使用串口，需要禁止蓝牙并映射到串口上。

5.5.1　树莓派串口配置

配置并启用树莓派的物理串口，应该将蓝牙关掉，然后禁止 log shell 的打印，分为两步。首先，通过指令关闭串口的 log shell 打印功能。

```
pi@opencv:~ $ sudo raspi-config
```

弹出树莓派的配置菜单。通过方向键 ↓ 选择 Interfacing Options，如图 5-6 所示。

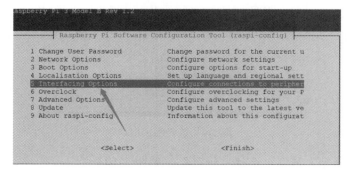

图 5-6　raspi-config 菜单

按回车键，弹出二级菜单目录，同样使用方向键↓选中 P6 Serial，按回车键进入 Serial 选项，如图 5-7 所示。

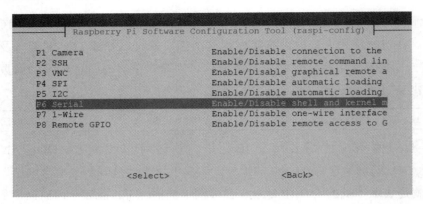

图 5-7 "P6 Serial"菜单

在弹出的对话框中选择"否"，然后按回车键，如图 5-8 所示。

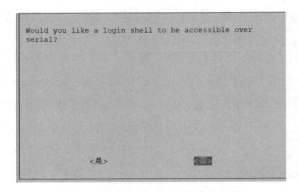

图 5-8 禁止 login shell 在串口打印

接着在使能硬件端口进行确认，选择"是"，并按回车键，如图 5-9 所示。

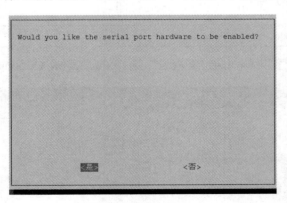

图 5-9 选择物理串口

最后弹出"确定"窗口，选择"确定"，如图 5-10 所示。

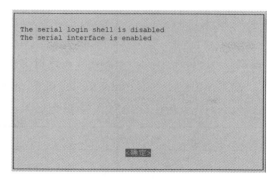

图 5-10　确定使用物理串口

通过方向键→选择"finish"后退出树莓派的配置菜单。

通过下面的指令查看 /boot/cmdline.txt 配置文件：

```
pi@opencv:~ $sudo vi /boot/cmdline.txt
```

最终的配置语句如下。

```
dwc_otg.lpm_enable=0 root=/dev/mmcblk0p2 rootfstype=ext4 elevator=deadline
fsck.repair=yes rootwait quiet splash plymouth.ignore-serial-consoles
```

在 /boot/config.txt 中可以看到，加入了如下的串口相关的配置。

```
dtoverlay=pi3-miniuart-bt
enable_uart=1
```

通过查看"/dev"下的文件描述符来确定是否可用。

```
pi@opencv:~ $ ls   /dev/   -l
```

查看 dev 路径下的设备映射情况，如图 5-11 所示。

```
crw-rw-r--  1 root netdev   10,  57 9月   4 13:43 rfkill
lrwxrwxrwx  1 root root      7 9月   4 13:43 serial0 -> ttyAMA0
lrwxrwxrwx  1 root root      5 9月   4 13:43 serial1 -> ttyS0
drwxrwxrwt  2 root root     40 11月  4  2016 shm

crw--w----  1 root tty       4,   9 9月   4 13:43 tty9
crw-rw----  1 root dialout 204,  64 9月   4 13:43 ttyAMA0
crw-------  1 root root      5,   3 9月   4 13:43 ttyprintk
crw-rw----  1 root dialout   4,  64 9月   4 13:43 ttyS0
```

图 5-11　设备映射情况

图 5-11 中第 2 行"ttyAMA0"即为映射的端口描述符，通过指令可向串口中发送数据。例如，发送字符串"123456"到 ttyAMA0。

```
pi@opencv:~ $echo "123456" >/dev/ttyAMA0
```

通过 cat 指令接收数据。

```
pi@opencv:~ $cat /dev/ttyAMA0&// 表示后台运行
```

5.5.2 树莓派 USB 转串口

有时需要使用多个串口，但树莓派只有一个串口。通过 USB 转串口的硬件可以增加串口，如图 5-12 所示，插入 USB 后会在 Linux 的 dev 文件下创建对应的串口文件，使用方式和树莓派自带的串口一样。查看 USB 设备的指令如下：

```
pi@opencv:~ $ lsusb
```

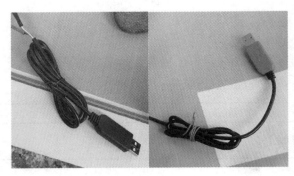

图 5-12　USB 转串口的工具

USB 设备列表如图 5-13 所示。

```
pi@raspberrypi:~ $ lsusb
Bus 001 Device 005: ID 067b:2303 Prolific Technology, Inc. PL2303 Serial Port
Bus 001 Device 006: ID 1546:01a7 U-Blox AG
Bus 001 Device 004: ID 148f:760b Ralink Technology, Corp. MT7601U Wireless Adapter
Bus 001 Device 003: ID 0424:ec00 Standard Microsystems Corp. SMSC9512/9514 Fast Et
Bus 001 Device 002: ID 0424:9514 Standard Microsystems Corp. SMC9514 Hub
Bus 001 Device 001: ID 1d6b:0002 Linux Foundation 2.0 root hub
pi@raspberrypi:~ $
```

图 5-13　USB 设备列表

图 5-13 中的第一个 PL2303 就是串口设备的 ID 和相关信息。

插到树莓派的 USB 端口后，在 Shell 下输入指令：

```
pi@opencv:~ $ ls -l  /dev
```

会出现"ttyUSB×"，如图 5-14 所示，这是新插入串口设备的节点描述符，一般从 ttyUSB0 开始分配。

```
crw--w---- 1 root tty       4,  61 3月  28 12:17 /dev/tty61
crw--w---- 1 root tty       4,  62 3月  28 12:17 /dev/tty62
crw--w---- 1 root tty       4,  63 3月  28 12:17 /dev/tty63
crw--w---- 1 root tty       4,   7 3月  28 12:43 /dev/tty7
crw--w---- 1 root tty       4,   8 3月  28 12:17 /dev/tty8
crw--w---- 1 root tty       4,   9 3月  28 12:17 /dev/tty9
crw-rw---- 1 root dialout 204,  64 3月  28 12:43 /dev/ttyAMA0
crw------- 1 root root       5,   3 3月  28 12:17 /dev/ttyprintk
crw-rw---- 1 root dialout 188,   1 3月  29 09:33 /dev/ttyUSB1
```

图 5-14　新串口设备描述符

同样，通过指令可以向这个串口发送数据：

```
pi@opencv:~ $ echo  "123test"  >  /dev/ttyUSB1
```

通过 cat 指令接收数据。

```
pi@opencv:~ $ cat /dev/ttyUSB1 &// 表示后台运行
```

5.5.3 绑定串口

树莓配 3B 板卡有 4 个 USB 端口，笔者在设计机器人时用到了 2 个，分别是 STM32 通信的 USB 转串口和 U-Blox 采集 GPS 经纬度坐标。5.5.2 节讲到，插入一个 USB 设备会弹出一个 ttyUSB×，如果插入的先后顺序不同，ttyUSB× 的标号也会发生变化，这样就会导致程序编写混乱，因此必须绑定串口。绑定串口的前提是两个 USB 的芯片型号不能相同，也就是图 5-15 中的 ID 号不能，否则依旧没有意义。

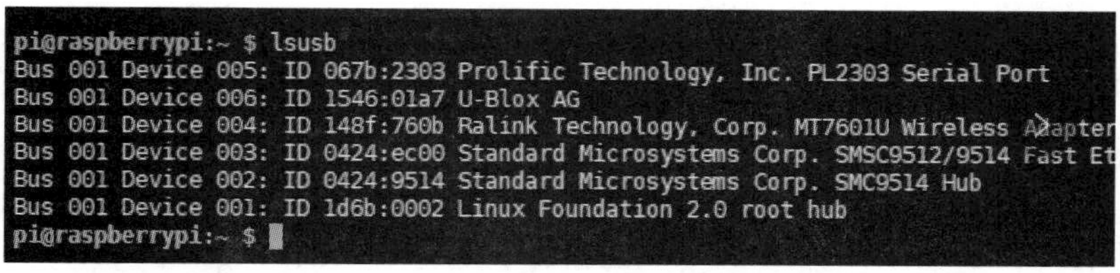

图 5-15　串口 ID

从图 5-16 可以看到，每个 U-Blox 设备的 ID 号是不同的，当然前提是基于不同的品牌和型号。这样就可以根据 ID 号绑定设备。假设用到了 HL-340 芯片的 USB 转串口工具和 PL2303 芯片的转串口工具，通过编辑 udev 的 rule 文件实现绑定。

```
pi@opencv:~ $sudo nano /etc/udev/rules.d/99-usb-serial.rules
```

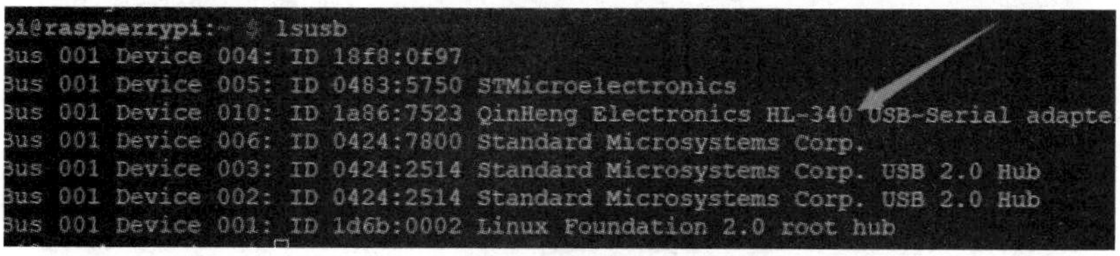

图 5-16　HL-340 芯片设备的串口信息

例如，插入了 HL-340 芯片的串口设备，设备号是 1a86:7523，如图 5-16 所示。

在文件 99-usb-serial.rules 的最后添加代码：

```
KERNEL=="ttyUSB*",ATTRS{idVendor}=="1a86",ATTRS{idProduct}=="7523",
MODE="0777", SYMLINK+="ttystm", GROUP="xiaov", OWNER="xiaov"
```

然后保存并退出，拔下 USB 后重新插入，在"/dev/"目录会出现一个名为"ttystm"的文件描述符，该描述符即代表"HL-340"的串口设备，而不是之前的 ttyUSB× 了。

5.6 轮式机器人无线联网接口：树莓派的 WiFi 功能

树莓派 3B 板卡自带 WiFi 功能，只要在树莓派上配置 WiFi 的 SSID 和密码，树莓派就可以实现上网功能。

5.6.1 树莓派 WiFi 连接路由器

树莓派 3B 板卡配置了 WiFi 和蓝牙模块，不像树莓派以前的版本，需要购买一个外接的模块插到树莓派的 USB 上。第一次启动树莓派时，可以选用网线或者 HDMI 显示器，通过树莓派的 Linux Shell 配置 WiFi，配置之后就可以直接使用 WiFi 连接路由器。下面介绍如何启动 WiFi 模块。

第 1 种，使用 HDMI 显示器，不需要网线。

需要用户配备 HDMI 接口的显示器，通过 HDMI 接口和树莓派 3B 开发板连接，方法和配置 Windows 操作系统的计算机一样，在右上角的菜单栏中选择需要连接的 WiFi，输入密码即可。

第 2 种，使用命令行。

对于没有显示器但有网线的用户，可以通过 SSH 协议进入树莓派的 Shell 环境，使用指令完成配置。进入 Shell 环境后的操作如下。

第 1 步，通过 iwlist 命令查看树莓派已经识别的 WiFi。

```
pi@opencv:~ $sudo  iwlist wlan0 scan
```

操作指令及结果如图 5-17 所示。

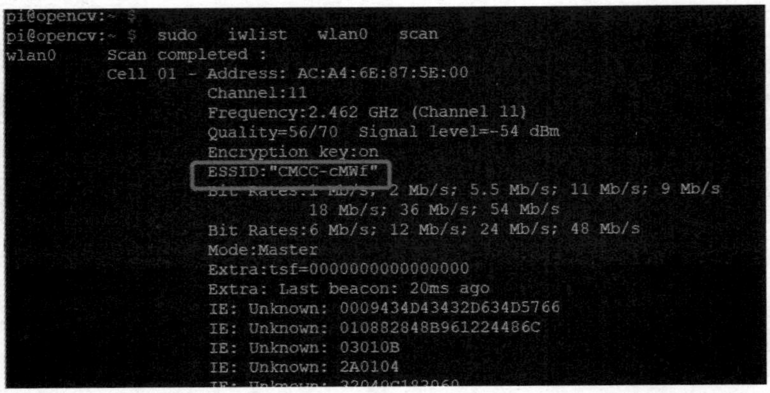

图 5-17　iwlist 指令及结果

图 5-17 中，每一个 Cell 是一个可见网络，其中的 ESSID 是 WiFi 的名称，可以通过此类方法和设置的路由器进行确认，以免出错。

第 2 步，使用 nano 工具配置 WiFi 信息。

```
pi@opencv:~ $sudo  nano  /etc/wpa_supplicant/wpa_supplicant.conf
```

在 wpa_supplicant.conf 文件的最后一行添加 WiFi 的名字和密码，格式如下：

```
01    network={
02    ssid="Gpscar"
03    key_mgmt=WPA-PSK
04    psk="gpscar123456"
05 }
```

第 3 行 key_mgmt=WPA-PSK 是加密方式，代表密码的加密方式为 WPA-PSK，第 4 行 psk 是密码的明文显示，可参考图 5-18。

图 5-18   wpa_supplicant.conf 配置文件

第 3 步，使用 reboot 指令重启树莓派，最新配置的 WiFi 才会生效。

```
pi@opencv:~ $sudo    reboot
```

待树莓派系统重新运行之后，就可以上网了，此时的树莓派 IP 地址可以借助 IP scanner 等 IP 扫描工具查看。

5.6.2   树莓派 WiFi 做 AP 热点

本节介绍笔者使用树莓派做 AP 热点的方法，树莓派 3B 开发板分为有 nl80211 版本和无 nl80211 版本，使用 hostapd 工具和 udhcpd 工具开启热点。首先安装这两个工具。

```
pi@opencv:~ $sudo apt-get update
pi@opencv:~ $sudo apt-get install hostapd udhcpd
```

笔者推荐使用上述方法安装 hostapd 和 udhcpd，安装成功率高。

如果安装 hostapd 出现错误，可以通过 wget 指令直接下载。

```
pi@opencv:~ $wget   http://w1.fi/releases/hostapd-0.7.3.tar.gz
```

解压并进入源码目录：

```
pi@opencv:~ $tar xzvf hostapd-x.y.z.tar.gz
pi@opencv:~ $cd hostapd-x.y.z/hostapd
```

此时，需要修改 config 配置，使 hostapd 支持 nl80211 驱动。

```
pi@opencv:~ $cp defconfig .config
pi@opencv:~ $vi .config
```

删除 "#CONFIG_DRIVER_NL80211=y" 语句前面的 "#" 号，如图 5-19 所示，保存并退出。

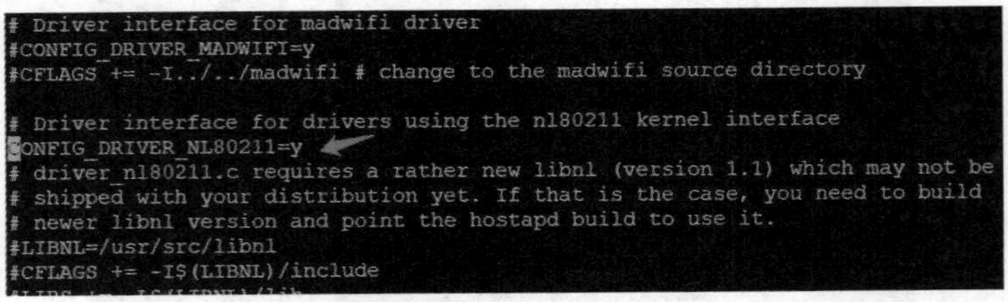

图 5-19　修改 hostapd 的编译 config

如果出现如下报错信息，表示 genl.h 文件没有找到，genl 是 Generic Netlink 网络的封装库，库名为 libnl，需要安装。

```
CC   ../src/drivers/driver_hostap.c
../src/drivers/driver_nl80211.c:22:31: fatal error: netlink/genl/genl.h:
没有那个文件或目录
 #include <netlink/genl/genl.h>
```

则需要使用 git clone 下载 libnl。

```
pi@opencv:~/hostapd-0.7.3 $ git clone
git://github.com/tgraf/libnl-1.1-stable.git
正克隆到 libnl-1.1-stable'...
remote: Enumerating objects: 6484, done.
remote: Total 6484 (delta 0), reused 0 (delta 0), pack-reused 6484
接收对象中: 100% (6484/6484), 2.06 MiB | 466.00 KiB/s, 完成.
处理 delta 中: 100% (4897/4897), 完成.
pi@opencv:~/hostapd-0.7.3 $
```

进入 libnl 文件所在路径，进行配置、编译、安装。

```
pi@opencv:~/hostapd-0.7.3 $ cd libnl-1.1-stable/
pi@opencv:~/hostapd-0.7.3/libnl-1.1-stable $ ./configure
pi@opencv:~/hostapd-0.7.3/libnl-1.1-stable $ make
pi@opencv:~/hostapd-0.7.3/libnl-1.1-stable $ sudo make install
```

安装过程如图 5-20 所示。

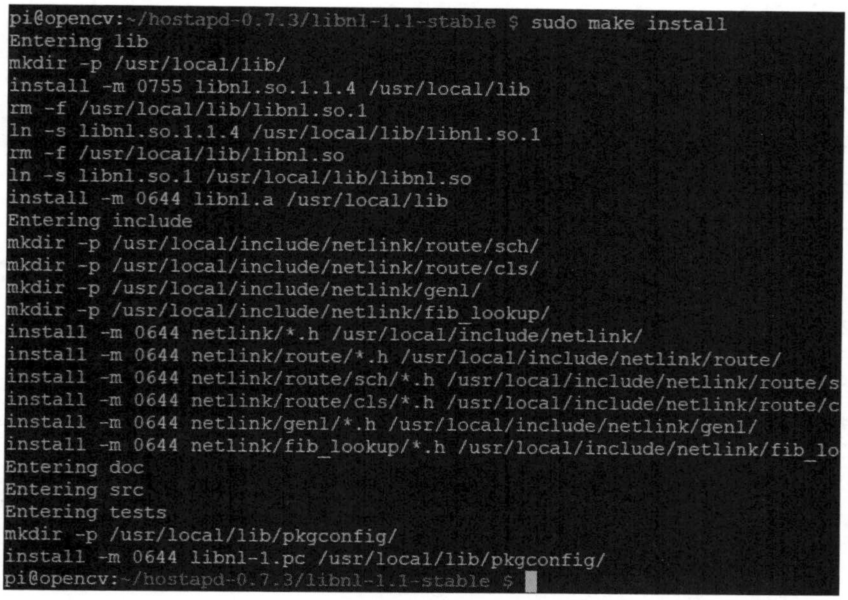

```
pi@opencv:~/hostapd-0.7.3/libnl-1.1-stable $ sudo make install
Entering lib
mkdir -p /usr/local/lib/
install -m 0755 libnl.so.1.1.4 /usr/local/lib
rm -f /usr/local/lib/libnl.so.1
ln -s libnl.so.1.1.4 /usr/local/lib/libnl.so.1
rm -f /usr/local/lib/libnl.so
ln -s libnl.so.1 /usr/local/lib/libnl.so
install -m 0644 libnl.a /usr/local/lib
Entering include
mkdir -p /usr/local/include/netlink/route/sch/
mkdir -p /usr/local/include/netlink/route/cls/
mkdir -p /usr/local/include/netlink/genl/
mkdir -p /usr/local/include/netlink/fib_lookup/
install -m 0644 netlink/*.h /usr/local/include/netlink/
install -m 0644 netlink/route/*.h /usr/local/include/netlink/route/
install -m 0644 netlink/route/sch/*.h /usr/local/include/netlink/route/s
install -m 0644 netlink/route/cls/*.h /usr/local/include/netlink/route/c
install -m 0644 netlink/genl/*.h /usr/local/include/netlink/genl/
install -m 0644 netlink/fib_lookup/*.h /usr/local/include/netlink/fib_lo
Entering doc
Entering src
Entering tests
mkdir -p /usr/local/lib/pkgconfig/
install -m 0644 libnl-1.pc /usr/local/lib/pkgconfig/
pi@opencv:~/hostapd-0.7.3/libnl-1.1-stable $
```

图 5-20　安装 libnl

至此 libnl 的库安装完成，接着再编译 hostapd。

```
pi@opencv:~/hostapd-0.7.3/hostapd $ make
```

如果提示缺少 openssl 库，请继续安装 ssl 库，ssl 库与加密、解密安全相关。

```
CC   ../src/eap_server/eap_server_tls_common.c
../src/crypto/tls_openssl.c:23:25: fatal error: openssl/ssl.h: 没有那个文件或目录
 #include <openssl/ssl.h>
```

可使用 apt 命令安装 openssl 库。

```
pi@opencv:~/hostapd-0.7.3/hostapd $ sudo apt-get install libssl-dev
```

openssl 的库安装完成后，再编译 hostapd。

hostapd 和 udhcpd 安装成功后，使用以下方法配置 AP 热点。

修改 /etc/udhcpd.conf，内容如下。

```
# The start and end of the IP lease block
start         192.168.1.20 #default: 192.168.0.20
end           192.168.1.254#default: 192.168.0.254
# The interface that udhcpd will use
interface     wlan0                #default: eth0
```

在 /etc/hostapd/ 目录下创建 hostapd.conf，文件内容如下。

```
ssid=gps-car
hw_mode=g
channel=10
interface=wlan0
driver=nl80211
ignore_broadcast_ssid=0
auth_algs=1
wpa=3
wpa_passphrase=123456789
wpa_key_mgmt=WPA-PSK
wpa_pairwise=TKIP
rsn_pairwise=CCMP
```

最后编写脚本 create_ap.sh，内容如下。

```
sudo killall dhcpd
sudo killall wpa_suplicant
sudo ifconfig wlan0 192.168.1.1 netmask 255.255.255.0
# 这里的 192.168.1.1 要与 udhcpd.conf 的 start 保持一致
sudo route add gw 192.168.1.1
sudo udhcpd /etc/udhcpd.comf&
sudo hostapd /etc/hostapd/hostapd.conf&
```

重启手机，找到名称为 gps_car 的 WiFi，输入密码就可以连接到树莓派 3B 开发板，如图 5-21 所示。

图 5-21　连接 AP

执行 hostapd 并指向配置文件，树莓派 3B 开发板的 Shell 端打印显示如下：

```
pi@opencv:~ $ sudo hostapd /etc/hostapd/hostapd.conf&
[1] 1307
pi@opencv:~ $ Configuration file: /etc/hostapd/hostapd.conf
wlan0: Could not connect to kernel driver
Using interface wlan0 with hwaddr b8:27:eb:15:e3:ce and ssid "gps-car"
wlan0: interface state UNINITIALIZED->ENABLED
wlan0: AP-ENABLED
wlan0: STA 50:68:0a:1b:bb:4c IEEE 802.11: associated
wlan0: AP-STA-CONNECTED 50:68:0a:1b:bb:4c
wlan0: STA 50:68:0a:1b:bb:4c RADIUS: starting accounting session
543E8CCFCA9DC1B1
wlan0: STA 50:68:0a:1b:bb:4c WPA: pairwise key handshake completed (WPA)
wlan0: STA 50:68:0a:1b:bb:4c WPA: group key handshake completed
```

如果以上操作出现 nl80211 报错，说明树莓派 3B 开发板没有 WiFi 热点的驱动程序，无法做热点。

5.7 机器人和手机 App 通信接口：树莓派蓝牙

巧妙地利用树莓派的蓝牙通信功能，会给机器人的调试、人机交互带来很好的体验，同时能加快开发速度。本节介绍树莓派的蓝牙使用。由于树莓派 3B 开发板的物理串口和蓝牙是共用的，所以需要将物理串口禁止，同时开启蓝牙串口功能。

5.7.1 了解蓝牙

树莓派的 Shell 可以通过指令测试蓝牙是否具备有效的蓝牙端口，可通过 hciconfig 指令测试，如图 5-22 所示。

```
pi@raspberrypi:~ $ hciconfig
```

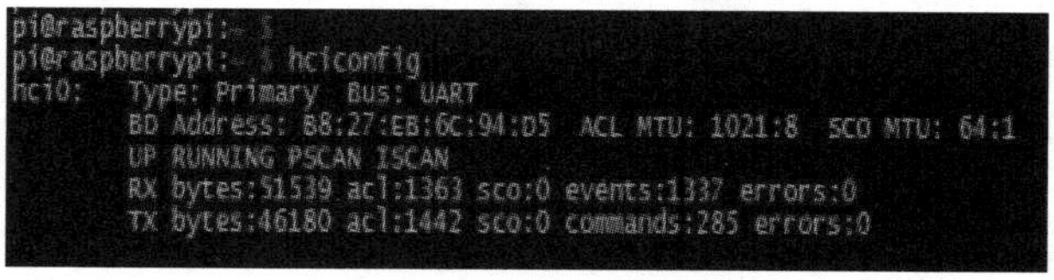

图 5-22 树莓派的蓝牙信息

图 5-22 中，hci0 代表树莓派 3B 开发板有一个可用的蓝牙端口。继续使用指令将 hcio 端口关掉，然后重启。

```
pi@raspberrypi:~ $ sudo hciconfig hci0 down
pi@raspberrypi:~ $ sudo hciconfig hci0 up
```

如果出现"Can't init device hci0: Operation not possible due to RF-kill (132)"信息，使用 rfkill 指令将 rfkill 相关的功能关掉。

```
pi@raspberrypi:~ $ rfkill unblock all
```

继续打开蓝牙的扫描功能，使其可以被其他的蓝牙设备连接。

```
pi@raspberrypi:~ $ sudo hciconfig hci0 up
pi@raspberrypi:~ $ sudo hciconfig hci0 piscan// 让设备能被其他设备扫描到
pi@raspberrypi:~ $ sudo rfcomm watch hci0
Waiting for connection on channel 1
Connection from C4:F0:81:86:15:16 to /dev/rfcomm0
Press CTRL-C for hangup
```

然后使用手机的蓝牙串口工具连接树莓派 3B 开发板的蓝牙，并发送数据"123"，同样使用 cat 和 echo 指令接收数据和发送数据。此时的蓝牙节点设备符为"/dev/rfcomm0"，如图 5-23 所示。

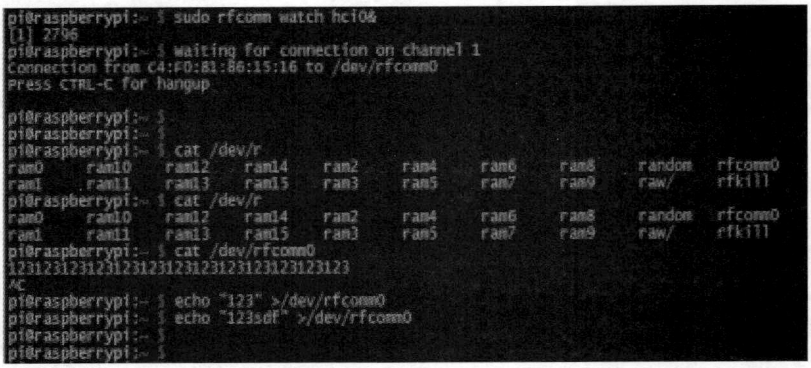

图 5-23　蓝牙测试接收和发送

需要注意，树莓派 3B 开发板的蓝牙串口是基于蓝牙 2.0 协议，即 SPP 协议，安卓手机需要下载 SPP 串口助手，才能和树莓派 3B 开发板的蓝牙通信。如果实际项目中使用树莓派作从机，让手机 App 主动连接树莓派 3B，就需要借助 bluetoothctl 指令进行配置。只有配置正确，才能扫描到树莓派 3B 开发板的蓝牙，进而使用蓝牙连接。

2 条 bluetoothctl 的指令就能解决。

```
pi@raspberrypi:~ $  bluetoothctl
```

连接之后进入蓝牙模式，使用 discovery 命令，使其对其他设备可见。此时刷新手机的蓝牙列表，就能够看到树莓派 3B 开发板的蓝牙了。

```
pi@raspberrypi:~ $  discoverable  yes
```

但是使用 Shell 指令终究不是很方便，那么有没有别的方式，例如嵌入到脚本中或者代码中？

5.7.2　使用 Socket 功能进行蓝牙通信

本节介绍使用蓝牙的 socket 建立蓝牙网络通信，在树莓派 Shell 中输入指令：

```
pi@raspberrypi:~ $   hciconfig
```

出现 hci0 的信息后，可以使用 rfcomm 的 Socket 服务。在 /dev/rfcomm0 设备节点上建立和手机蓝牙的通信，让树莓派 3B 开发板做服务器端，硬件设备或者手机做客户端，主动连接树莓派 3B 开发板，在不使用界面操作蓝牙的情况下，也不使用指令打开蓝牙，打开、配置的流程如图 5-24 所示。

当有蓝牙客户端连接树莓派 3B 开发板的蓝牙后，会在 /dev 路径下生成 rfcomm0 节点。接着可以调用 read 和 write 函数实现蓝牙的读、写操作。但是"等待被连接"这个过程不容易判断，所以需要使用 rfcomm 协议提供的 Socket，在 Socket 里已经解决了连接阻塞问题。

例如，使用手机做蓝牙的客户端，主动连接做服务器端的树莓派 3B 开发板。树莓派 3B 开发板的代码 rfcommServer.c 如下。

```
01    #include <stdio.h>
02    #include <unistd.h>
03    #include <sys/Socket.h>
04    #include <bluetooth/bluetooth.h>
05    #include <bluetooth/rfcomm.h>
06    int main(int argc,char** argv)
07   {
08    struct sockaddr_rcloc_addr={0},rem_addr={0};
09    char buf[1024]={0};
10    int s,client,bytes_read;
11    socklen_topt=sizeof(rem_addr);
12    // 分配 Socket
13    s =Socket(AF_BLUETOOTH, SOCK_STREAM, BTPROTO_RFCOMM);
14    // 绑定 Socket 端口
15    // 本地蓝牙的适配器
16    loc_addr.rc_family= AF_BLUETOOTH;
17    loc_addr.rc_bdaddr=*BDADDR_ANY;
18    loc_addr.rc_channel=(uint8_t)1;
19    bind(s,(structsockaddr*)&loc_addr,sizeof(loc_addr));
20    // 设置蓝牙 socket 进入监听模式
21    listen(s,1);
22    // 阻塞连接
23        client =accept(s,(structsockaddr*)&rem_addr,&opt);
24
25        ba2str(&rem_addr.rc_bdaddr,buf);
26    fprintf(stderr,"accepted connection from %s\n",buf);
```

```
27    memset(buf,0,sizeof(buf));
28    // 从客户端读数据
29    while(1)
30 {
31    bytes_read=read(client,buf,sizeof(buf));
32    if(bytes_read>0){
33    printf( "received [%s]\n",buf);
34 }
35 }
36    close(client);
37    close(s);
38    return 0;
39 }
```

socket 的编写思路和 TCP、UDP 的服务编写类似，基本包括创建 socket、绑定地址和端口、监听端口、阻塞连接，如图 5-25 所示。

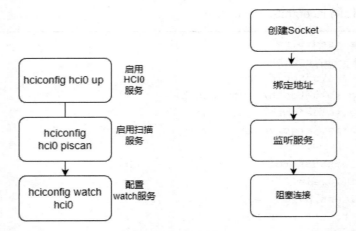

图 5-24　使用 hciconfig 蓝牙的操作配置流程　　图 5-25　Socket 服务的创建流程

使用 gcc 命令编译源码时，需要依赖 bluetooth 库，所以需要指定，编译指令为

```
pi@raspberrypi:~ $ gcc - o main rfcommServer.c -l bluetooth
```

5.8　轮式机器人野外上网接口：4G 模块

户外机器人需要使用流量下载地图，把定位的情况展示给用户，并接收用户的指令，需要使用流量和服务平台通信。本节介绍两种 4G 模块的使用，分别是 USB-4G 模块和树莓派 3B 开发板结合、USB-4G 转 WiFi 模块两种方式。

5.8.1　USB-4G 模块的配置

有些 USB-4G 联网模块插到树莓派 3B 开发板时需要安装驱动，这样就比较烦琐。本节使用华为 ME909S-821 4G 模块，不需要额外安装驱动，如图 5-26 所示。联网的相关操作也比较简单。

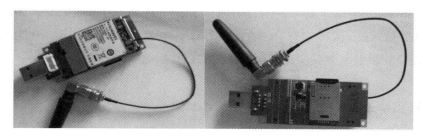

图 5-26　USB-4G 模块

进入树莓派的 Shell，输入指令：

```
pi@raspberrypi:~ $ ifconfig
```

需要注意的是，如果 USB-4G 模块没有插好，输入 ifconfig 就不会出现 usb0。

另外，需要在使用 ifconfig 指令前使用指令进行配置，指令脚本为 usb-4g.sh。

```
01    #!/bin/sh
02    echo"ATE0">/dev/ttyUSB2
03    echo"AT^NDISDUP=1,1,\"cmnet\"">/dev/ttyUSB2
04    ifconfig usb0 up
05    udhcpc -i usb0
06    ifconfig eth0 up
```

配置成功后，再使用 ifconfig 会看到局域网 IP 地址为 10 开头，至此 USB-4G 模块的配置就完成了。

5.8.2　USB-4G 转 WiFi

移动 WiFi 设备是近几年出现的产品，使用方式非常简单，只要有 5 V 的 USB 接口存在，插上 USB-WiFi 模块后，就会生成一个 WiFi 的热点（将 4G 信号转成 WiFi 信号）。树莓派 3B 开发板通过配置 WiFi 和密码就可以连接该模块上网。该模块的优点是无需驱动，插电即用，如图 5-27 所示。

图 5-27　USB-WiFi 模块

5.9　轮式机器人的指南针：RTIMU 模块开发

RTIMULib2 是一种将 9 自由度、10 自由度或 11 自由度 IMU 连接到嵌入式 Linux 系统，并获取 RTQF（实时质量滤波，一种高度精简的卡尔曼滤波器，避免了矩阵求逆和许多其他的矩阵运算）、卡尔曼滤波四元数或 Euler 角位姿数据的简单 C++ 库。集成 RTIMULib2 只需要两个简单的函数调用（IMUInit() 和 IMURead()）。在树莓派或者英伟达的 Jetson Nano 派等带有 IIC 的接口和工具中就可以直接使用，RTIMULib 支持 I2C、SPI 接口。目前笔者只尝试了树莓派的 I2C 接口效果较好。

5.9.1　RTIMULib 库介绍

RTIMULib2 是 RTIMULib 库的第 2 个版本，主要的变化是增加了运行时的地磁计校准功能。

机器人设计中使用的 IMU 模块是 GY 85 模块，如图 5-28 所示。可以通过扫描封底二维码，下载笔者更新 GY 85 后的库。该模块使用的三轴陀螺仪传感器芯片是 ITG3205，三轴加速度传感器芯片是 ADXL345，使用的三轴磁场传感器芯片是 HMC5883。

GitHub 上发布的 RTIMULib 没有 GY 85 模块的 IMU 算法支持，所以笔者开发了 GY 85 模块的驱动接口，供 RTLIBIMU2 使用，并可以在树莓派 3B 开发板上成功运行。图 5-29 为 GY 85 模块与树莓派 3B 开发板的连接，接线方式采用的是 I2C-0。

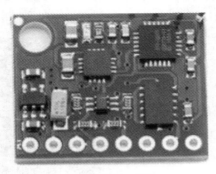

图 5-28　GY 85 模块　　　　　　图 5-29　GY 85 与树莓派通过 I2C 接口连接

注意，树莓派使用 i2c-tools 快速访问设备，并读取数据进行测试。

使用前请务必确认树莓派的 I2C 已经打开。

注意，九轴 IMU 传感器可以用 BNO055、BMX055 替代。

5.9.2　RTIMULib 库的编译和测试

使用 git clone 指令将 RTIMULib2 下载到树莓派 3B 开发板中。

```
pi@opencv:~ $git clone https://github.com/horo2016/RTIMULib2
```

最终需要在树莓派 3B 开发板中运行该环境，所以需要在树莓派 3B 开发板中使用 gcc 命令进行编译。

```
pi@opencv:~ $cd/RTIMULib2-master/Linux
pi@opencv:~ $mkdir build
pi@opencv:~ $cd build
pi@opencv:~ $cmake  ..
pi@opencv:~ $make  -j4
pi@opencv:~ $sudo make install
```

编译完成后，会生成很多测试样例，在 Linux/build 路径下可看到 RTIMUlibCal、RTIMULibDrive、RTIMULibDemo 等。

进入 RTIMULibDemoGL，按照图 5-30 将树莓派和传感器模块进行连接。

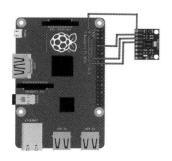

图 5-30　连接方式

执行后的效果如图 5-31 所示。

图 5-31　RTIMULib 在 GY 85 上的测试效果

在 RTIMULib2-master/Linux/RTIMULibDrive 目录下可以查看 RTIMULib 的示例代码。RTIMULibDrive.cpp 的代码如下。

```
01    #include "RTIMULib.h"
02
03    int main()
04  {
05    int sampleCount=0;
06    int sampleRate=0;
07    uint64_t rateTimer;
08    uint64_t displayTimer;
09    uint64_t now;
10
11    //RTIMULibDemo 可以产生配置文件后缀为 ".ini"，也可以在程序中自行配
      // 置路径，以便保存
12    RTIMUSettings* settings =new RTIMUSettings("RTIMULib");
13        RTIMU *imu=RTIMU::createIMU(settings);
14    if((imu==NULL)||(imu->IMUType()== RTIMU_TYPE_NULL)){
15    printf("No IMU found\n");
16    exit(1);
17  }
18    // 设置 IMU
19    imu->IMUInit();
20    imu->setSlerpPower(0.02);
21    imu->setGyroEnable(true);
22    imu->setAccelEnable(true);
23    imu->setCompassEnable(true);
24    // 设置采样率
25    rateTimer=displayTimer=RTMath::currentUSecsSinceEpoch();
26    while(1){
27    // 循环读取
28    usleep(imu->IMUGetPollInterval()*1000);
29    while(imu->IMURead()){
30            RTIMU_DATA imuData=imu->getIMUData();
31    sampleCount++;
32            now =RTMath::currentUSecsSinceEpoch();
33    // 每秒 10 次
34    if((now -displayTimer)>100000){
35     printf("Sample  rate %d: %s\r",sampleRate,RTMath::displayDegrees
      ("",imuData.fusionPose));
36    fflush(stdout);
37    displayTimer= now;
38  }
```

```
39    // 每秒刷新
40    if((now -rateTimer)>1000000){
41    sampleRate=sampleCount;
42    sampleCount=0;
43    rateTimer= now;
44    }
45    }
46    }
47    }
```

代码中，第 19 行进行初始化，一些校验数据存在于 RTIMULib.ini 的文件中，第 30 行获取 IMU 的数据，结构体 RTIMU_DATA 包含陀螺仪、加速度等相关数据信息。

5.9.3 基于 RTIMULib 的地磁计校准

众所周知，地球本身存在磁场，用来衡量磁感应强度大小的单位是 Tesla 或者 Gauss（1 Tesla=10 000 Gauss），地球上由于位置不同，地磁场的强度范围为 0.4 ～ 0.6 Gauss。水平状态下，地磁传感器的 X 轴和 Y 轴和磁南磁北形成的地磁线形成夹角，根据此夹角可计算出航向角。正常情况下，将地磁传感器绕某轴旋转一圈，产生的地磁数据是一个圆形。但是由于存在干扰，会发生变化，图 5-32（a）所示为绕 Z 轴一圈，由 X 轴和 Y 轴的数据形成的椭圆形，经过几次简单的偏移量校准后，相对于未校准之前，Y 轴的中心基本在（0，0）的位置，如图 5-32（b）所示。如何对地磁计进行校准呢？校准参数有两个，分别是偏置和比例系数。偏置量为静态下的零点漂移，是将中心恢复到零点的位置，比例系数使地磁数据从椭圆变成正圆。

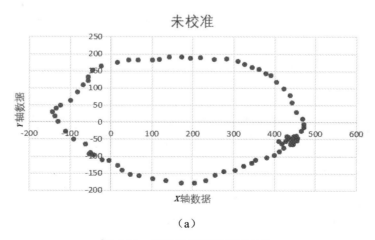

（a）

图 5-32　地磁数据校准前后对比

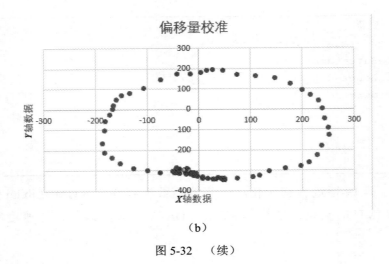

（b）

图 5-32　（续）

偏置量根据最大值和最小值计算得来。

偏置量：

$$X_{offset} = (X_{max} + X_{min})/2$$
$$Y_{offset} = (Y_{max} + Y_{min})/2$$
$$Z_{offset} = (Z_{max} + Z_{min})/2$$

比例系数是以最大值为基准，计算出剩余两个轴的比例。例如，X_{max} 与 X_{min} 的差值最大。则将 X 轴作为基准轴，计算另外两个轴的。比例系数

$$Y_s = \frac{(X_{max} - X_{min})}{(Y_{max} - Y_{min})}$$

$$Z_s = \frac{(X_{max} - X_{min})}{(Z_{max} - Z_{min})}$$

RTIMULib 库提供的校准源码如下。

```
void RTIMU::setCalibrationData()
{
    float maxDelta = -1;
    float delta;

    if (m_settings->m_compassCalValid) {
    // 找到最大差
        for (int i = 0; i< 3; i++) {
            if((m_settings->m_compassCalMax.data(i)-
            m_settings->m_compassCalMin.data(i)) >maxDelta)
            maxDelta=m_settings->m_compassCalMax.data(i)-
            m_settings->m_compassCalMin.data(i);
        }
        if (maxDelta< 0) {
```

```
            HAL_ERROR("Error in compass calibration data\n");
            return;
        }
        maxDelta /= 2.0f;// 这是最大差值

        for (int i = 0; i< 3; i++) {
            delta=(m_settings->m_compassCalMax.data(i)-
            m_settings->m_compassCalMin.data(i)) / 2.0f;
            m_compassCalScale[i] = maxDelta / delta; // 使每一个都是同样的范围
            m_compassCalOffset[i]=(m_settings->m_compassCalMax.data(i)
            + m_settings->m_compassCalMin.data(i)) / 2.0f;
        }
    }

    if (m_settings->m_compassCalValid) {
        HAL_INFO("Using min/max compass calibration\n");
    } else {
        HAL_INFO("min/max compass calibration not in use\n");
    }

    if (m_settings->m_compassCalEllipsoidValid) {
        HAL_INFO("Using ellipsoid compass calibration\n");
    } else {
        HAL_INFO("Ellipsoid compass calibration not in use\n");
    }

    if (m_settings->m_accelCalValid) {
        HAL_INFO("Using accel calibration\n");
    } else {
        HAL_INFO("Accel calibration not in use\n");
    }
}
```

最后，依据实际输出值"$Y=(X-\text{offset})*\text{scal}$"得出：

```
if(getCompassCalibrationValid()||getRuntimeCompassCalibrationValid())
{
m_imuData.compass.setX((m_imuData.compass.x() - m_compassCalOffset[0])
* m_compassCalScale[0]);
m_imuData.compass.setY((m_imuData.compass.y() - m_compassCalOffset[1])
* m_compassCalScale[1]);
m_imuData.compass.setZ((m_imuData.compass.z() - m_compassCalOffset[2])
* m_compassCalScale[2]);
}
```

在 Linux/RTIMULibCal 文件夹中可以看到校准的程序，根据提示进行校准。

需要特别注意的是，设备在大多数情况下并不保持水平，通常和水平面存在一个夹角，这时需要引入加速度计进行倾角补偿。

5.9.4 基于 RTIMULib 的加速计校准

物体静止时，受到的重力加速度大约为 $g=9.8$ m/s^2，如果加速度计读取的加速度计值和重力加速度值相差较大，则需要校准。

校准同样需要获取偏移量和比例误差，笔者推荐一种校准的方法，将传感器的 6 个面分别朝上，静止足够时间，以获取足够的采集样本，从采集样本中筛选出最大值和最小值，以此计算偏移量和比例误差。

RTIMULib 的校准方式类似，同样使 6 个面分别朝上，某面朝上时，在轴附近可以缓慢移动，以此方式找到最大值或者最小值。

在 Linux/RTIMULibCal 的文件夹中可以看到校准的程序，根据提示进行校准。

注意，以 Z 轴为中心旋转可以收集 X 轴和 Y 轴的数据。

5.9.5 基于 RTIMULib 的陀螺仪校准

物体静止时，三轴的旋转角速度应该为 0 rad/s，但实际上，三轴获取的角速度并非为 0 rad/s，因此同样需要对陀螺仪进行校准。陀螺仪的校准仅需要确认偏移量的大小。校准的一般方法是求偏移量的平均值，使传感器静止 10 s，对三轴上的数据分别采样后求平均值，得到偏移量，将获取的值减去该偏移量即为校准后的值。

RTIMULib 的校准方式也是在物体静止时，获取三轴偏移量。

5.10 轮式机器人的 Web 搭建

机器人的主控制器树莓派 3B 开发板可以实现 Web Server 的服务，通过搭建简单的服务器，就可以使用 JavaScript、CSS、HTML 等组建界面，实现机器人与用户的交互。用户只需要在浏览器中输入 Web Server 的 IP 地址，就可以访问树莓派 3B 开发板的文件、图片、参数，甚至控制 GPIO 读取传感器数据等。该方法实现简单，易于维护，可根据需要实现快速搭建。常见的路由器通过 Web Server 实现与用户交互的。

树莓派 3B 开发板可以支持轻量级的 Web 服务器，笔者推荐使用 Boa。Boa 是一个运行在 Linux 操作系统中的服务容器，支持 CGI 脚本、http 服务，源代码开放，性能高。

Boa 的安装有两种方式，apt 指令安装和源码编译安装，目前的版本是 0.9。Boa 的配置文件在 /etc/boa/boa.conf 中，其脚本中的部分内容如下。

```
01    # 根目录文档：HTML 的根路径
02    # 用户文件存放位置
03    DocumentRoot /usr/local/boa
04    DirectoryIndex index.html
05    ScriptAlias  /cgi-bin/  /usr/local/boa/cgi-bin/
```

其中，第 3 行指定服务器的根目录。第 5 行指定后缀为 .cgi 的文件存放位置。同时配置文件指定 Boa 的网页根目录为 /usr/local/boa，即在 /usr/local/boa 目录中存放 index.html、CSS、CGI-BIN、JavaScript 等文件。

CGI 是网页客户端和服务器交互的接口。用户将表单提交给 CGI 后，CGI 有权访问服务器的文件、参数，然后以符合 HTML 的规范将内容返回客户端，最终在浏览器显示。最新的 Web 技术中，浏览器可以直接和服务器的后台程序通信，不需要 CGI 接口。不过 CGI 的灵活性还是很方便的，结合服务容器，多用在嵌入式设备中。

CGI 可以用 C 语言、Shell 脚本等语言实现。例如，通过编写的 Shell 脚本获取树莓派 3B 开发板的硬件信息，如图 5-33 所示。

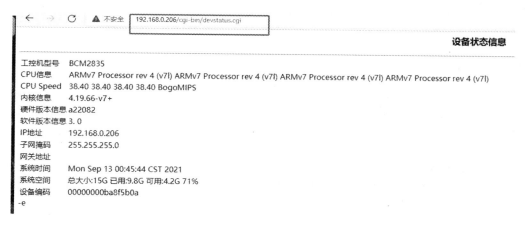

图 5-33　CGI 返回的信息

devstatus.cgi 的代码如下。

```
01    #!/bin/sh
02    PATH=/bin:/sbin:/usr/bin:/usr/sbin
03    SYS_CFG_PATH=/home/pi/app/control_engine
04    SYS_CFG_FILE=/home/pi/app/control_engine/sys_config.txt
05    getbdname(){
06        cat /proc/cpuinfo|grep 'Hardware'|cut -d:-f2
07    }
08
09    getcpuinfo(){
10        cat /proc/cpuinfo|grep 'Processor'|cut -d:-f2
11    }
12
```

```
13    getbogomips(){
14        cat /proc/cpuinfo|grep 'BogoMIPS'|cut -d:-f2
15        echo "BogoMIPS"
16    }
17
18    getkernelinfo(){
19        uname -r
20    }
21
22    getfsinfo(){
23        cat /etc/release
24    }
25
26    gethwinfo(){
27        cat /proc/cpuinfo|grep'Revision'|cut -d:-f2
28    }
29    gethwinfo(){
30        cat /proc/cpuinfo|grep'Revision'|cut -d:-f2
31    }
32
33
34    getipaddr(){
35        ifconfig|grep 'inet'|grep -v '127.0.0.1'|cut -d:-f2 |awk'{
          print $2}'
36    }
37
38    getnetmask(){
39        ifconfig|grep 'netmask'|grep -v '255.0.0.0'|cut -d:-f4
          |awk'{print $4}'
40    }
41
42    getgateway(){
43        route |grep default.*UG.*$eth|awk'{print $2}'
44    }
45
46    getsystime(){
47        date
48    }
49
50    getsystemspace()
51    {
52        df -h |grep 'dev/root'|awk-F" "'{print "总大小:" $2 "\t已用:" $3
          "\t可用:" $4 "\t "$5}'
53    }
54    getusespace()
```

```
55  {
56      df -h |grep 'ubi1:opt'|awk-F" " '{print "总大小:" $2 "\t已用:" $3
        "\t 可用:" $4 "\t "$5}'
57  }
58
59  getstoragespace()
60  {
61      df -h |grep '/dev/mmcblk0'|awk-F" "'{print "总大小:"$2"\t已
        用:"$3"\t可用:"$4"\t "$5}'
62  }
63  getEMSIP()
64  {
65          cat /home/sys_config.txt |grep 'LOCALSERVERIP='|cut -d=-f2
66  }
67  getserver()
68  {
69          cat /home/sys_config.txt |grep'SERVERIP='|cut -d=-f2
70  }
71
72  getdeviceID()
73  {
74          cat $SYS_CFG_FILE|grep 'DEVICEID='|cut -d=-f2
75  }
76  getversion()
77  {
78          cat /home/pi/app/control_engine/control_engine_version.txt
        |grep 'control_engine_version='|cut -d=-f2
79  }
80  echo  -e "Content-type: text/html \n\n"
81  echo"<html>"
82  echo"<head>"
83  echo"<title> 设备状态 </title>"
84  echo"<meta  http-equiv=\"Content-Type\"  content=\"text/html;
    charset=utf-8\" />"
85  echo"</head>"
86  echo"<body>"
87      echo"<center>"
88          echo"<h3> 设备状态信息 </h3>"
89      echo"</center>"
90      echo"<hr>"
91      echo"<table>"
92          echo"<tr>"
93              echo"<td>"
94                  echo" 型号 "
95              echo"</td>"
```

```
 96            echo"<td>"
 97                getbdname
 98            echo"</td>"
 99        echo"</tr>"
100        echo"<tr>"
101            echo"<td>"
102                echo"CPU 信息 "
103            echo"</td>"
104            echo"<td>"
105                getcpuinfo
106            echo"</td>"
107        echo"</tr>"
108        echo"<tr>"
109            echo"<td>"
110                echo"CPU Speed"
111            echo"</td>"
112            echo"<td>"
113                getbogomips
114            echo"</td>"
115        echo"</tr>"
116        echo"<tr>"
117            echo"<td>"
118                echo" 内核信息 "
119            echo"</td>"
120            echo"<td>"
121                getkernelinfo
122            echo"</td>"
123        echo"</tr>"
124
125        echo"<tr>"
126            echo"<td>"
127                echo" 硬件版本信息 "
128            echo"</td>"
129            echo"<td>"
130                gethwinfo
131            echo"</td>"
132        echo"</tr>"
133        echo"<tr>"
134            echo"<td>"
135                echo" 软件版本信息 "
136            echo"</td>"
137            echo"<td>"
138                getversion
139            echo"</td>"
140        echo"</tr>"
```

```
141
142          echo"<tr>"
143              echo"<td>"
144                  echo"IP 地址 "
145              echo"</td>"
146              echo"<td>"
147                  getipaddr
148              echo"</td>"
149          echo"</tr>"
150          echo"<tr>"
151              echo"<td>"
152                  echo" 子网掩码 "
153              echo"</td>"
154              echo"<td>"
155                  getnetmask
156              echo"</td>"
157          echo"</tr>"
158          echo"<tr>"
159              echo"<td>"
160                  echo" 网关地址 "
161              echo"</td>"
162              echo"<td>"
163                  getgateway
164              echo"</td>"
165          echo"</tr>"
166          echo"<tr>"
167              echo"<td>"
168                  echo" 系统时间 "
169              echo"</td>"
170              echo"<td>"
171                  getsystime
172              echo"</td>"
173          echo"</tr>"
174          echo"<tr>"
175              echo"<td>"
176                  echo" 系统空间 "
177              echo"</td>"
178              echo"<td>"
179                  getsystemspace
180              echo"</td>"
181          echo"</tr>"
182          echo"<tr>"
183              echo"<td>"
184                  echo" 设备编码 "
185              echo"</td>"
```

```
186            echo"<td>"
187               getdeviceID
188            echo"</td>"
189         echo"</tr>"
190
191      echo"</table>"
192   echo"</body>"
193   echo -e "</html>\n\n"
```

第 2 种方法使用 C 语言编写，Democg.c 的代码如下。

```
01    #include <stdio.h>
02    #include <string.h>
03    int main(int argc,char** argv)
04    {
05        printf("Content-type:text/html\n\n");
06        printf("<html>\n");
07        printf("<head><title>HTML  CGI Demo</title></head>\n");
08        printf("<body>\n");
09        printf("<h2> This is an HTML page and  CGI By C .. .</h2>\n");
10        printf("<hr><p>\n");
11        printf("</body>\n");
12        printf("</html>\n");
13        fflush(stdout);
14    }
```

最终的 CGI 程序要在树莓派 3B 开发板中执行，所以编译时要在树莓派 3B 开发板中编译。

使用 gcc 编译，在 Linux Shell 中的执行结果如图 5-34 所示。

```
pi@opencv:~/Documents $ gcc -o demo.cgidemocgi.c
pi@opencv:~/Documents $ ./demo.cgi
Content-type:text/html

<html>
<head><title>HTML  CGI Demo</title></head>
<body>
<h2> This is an HTML page and  CGI By C ...</h2>
<hr><p>
</body>
</html>
pi@opencv:~/Documents $
```

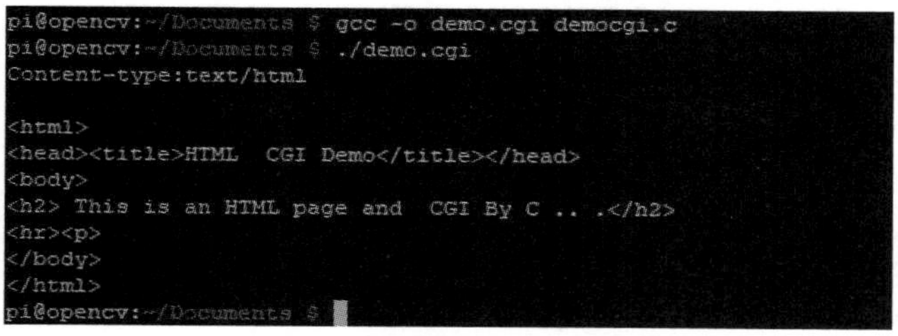

图 5-34　CGI 执行错误的显示

由图 5-34 可知，执行结果没有看到网页信息。接下来使用 cp 指令将 demo.cgi 文件放置到树莓派 3B 开发板的 /usr.local/boa/cgi-bin 目录下，并使用 chmod 指令添加可执行权限。

```
pi@opencv:~/Documents $ sudo  cp  demo.cgi  /usr/local/boa/cgi-bin/
pi@opencv:~/Documents $ sudo chmod  +x  /usr/local/boa/cgi-bin/demo.cgi
```

然后在浏览器输入 demo.cgi 文件的路径，结果如图 5-35 所示。

图 5-35　C 编译的 CGI 效果

上述两种方式是通过 echo 和 printf 重定向输出到网页中的效果。最后介绍第 3 种方式，不使用 CGI，直接和服务器后台通信。第 3 种方式支持 POST 协议，只要客户端使用 HTTP POST 协议就可以处理。客户端可以是基于 HTML 的浏览器，也可以是其他客户端。使用 Python 编写的 serverDemo 代码如下。

```
01    from http.server import HTTPServer,BaseHTTPRequestHandler
02    import json
03    import urllib
04    import cgi
05
06    class Resquest(BaseHTTPRequestHandler):
07
08        def handler(self):
09            print("data:",self.rfile.readline().decode())
10            self.wfile.write(self.rfile.readline())
11
12
13        def do_POST(self):
14            #print(self.headers)
```

```
15              #print('COM:',self.command)
16              form =cgi.FieldStorage(
17                  fp=self.rfile,
18                  headers=self.headers,
19                  environ={'REQUEST_METHOD':'POST',
20      'CONTENT_TYPE':self.headers['Content-Type'],
21                      }
22          )
23          data ={
24              'result_code':'2',
25              'result_desc':'Success',
26              'data':{'message':'www/vosrobot.com'}
27          }
28          self.send_response(200)
29          self.send_header('Content-type','application/json')
30          self.end_headers()
31          self.wfile.write(json.dumps(data).encode('utf-8'))
32          print("keys:",len(form.list))
33          if len(form.list)>1:
34              for field inform.keys():
35                  print("field:", field)
36                  field_item= form[field]
37                  filename =field_item.filename
38                  filevalue=field_item.value
39                  print("filevalue:",filevalue)
40
41          return
42
43  if __name__ =='__main__':
44      host =('',9001)
45      server =HTTPServer(host,Resquest)
46      print("Starting server, listen at: %s:%s"% host)
47      server.serve_forever()
```

在树莓派 3B 开发板的 Shell 下执行。

```
pi@opencv:~/Documents $ python3 demo.py
Starting server, listen at: :9001
```

使用网页提交表单和指令 curl 两种方式进行测试，结果如图 5-36 所示。

（a）使用网页方式提高

图 5-36　测试方式及结果

```
lid@LAPTOP-85KPM8J9: $ curl -F "a=abcdefg" -F "b=123456789" -X POST "http://192.168.0.206:9001"
{"result_desc": "Success", "result_code": "2", "data": {"message_id": "www/vosrobot.com"}}lid@LAPTOP-85KPM8J9: $
lid@LAPTOP-85KPM8J9: $
```

（b）使用 curl 方式

```
pi@opencv:~/Documents $ python3 demo.py
Starting server, listen at: :9001
192.168.0.100 - - [13/Sep/2021 01:53:18] "POST / HTTP/1.1" 200 -
keys: 2
field: username
filevalue: test
field: password
filevalue: 123456
192.168.0.100 - - [13/Sep/2021 01:55:10] "POST / HTTP/1.1" 200 -
keys: 2
field: b
filevalue: 123456789
field: a
filevalue: abcdefg
```

（c）展示结果

图 5-36 （续）

三种方式各有所长，最终选用哪种，决定于实际项目中的需求和场景。

笔者 DIY 设计的机器人中 CGI 和后台 Server 两种方式都使用了，由于处理比较简单，响应比较迅速，由于单一任务且没有过多并发，在机器人设计中使用足够了。

5.11 轮式机器人树莓派固件烧录

本章简单介绍烧录树莓派镜像的两种方式。第一种方式借助于树莓派 3B 开发板自带的 copy 功能。该功能需要在显示器上操作。首先定位在桌面，然后打开树莓派桌面左下角的"菜单"，打开"附件"→ SD Card Copier 选项，如图 5-37 所示。

图 5-37 树莓派自带的烧录功能

在 Copy To Device 中选择目标 SD 的卡号，单击 Start 按钮，复制过程约 15 ～ 25 min。第二种方式是使用 Windows 下的烧录软件。笔者使用的是 Win32 Disk Imager，如图 5-38 所示。打开要烧录的树莓派 3B 开发板的镜像，后缀一般是 .img。计算机的 USB 口插上读卡器后，Device 会显示 SD 卡的盘号，例如 F 盘，然后单击 Write 按钮开始烧录。一般需要 10 min 烧录完毕。

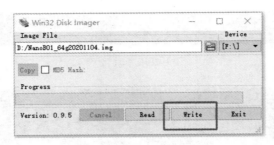

图 5-38　Disk Imager 烧录

　　注意，树莓派 3B 开发板的系统卡需要使用 Class 10 以上的高速卡，这样才能顺利运行 Linux 系统。

5.12　本章总结

　　本章首先介绍树莓派的生态和强大的资源，丰富的案例足可以让使用者游刃有余。然后介绍树莓派的 USB 外设、网络、WiFi、GPIO 等常见的硬件，最后介绍机器人中用到的 IMU 设计和人机交互的设计。

　　本书提到的方法，针对性强，特别适合读者 DIY 的需求。例如，RTIMULib 库的使用，读者可以快速了解该库，并迅速入门，最后修改测试。本章的校准方法经过实例验证，具有操作简便、容易实现的特点。机器人的人机交互通过 Web 实现，仅需要简单的几行 HTML 语句便可以实现功能需求，为快速实验创造条件。

第 6 章　轮式机器人的其他神经元：传感器开发

本章介绍机器人常用的外设传感器，以及这些传感器的硬件接口和使用方法，其中 GPS 经纬度传感器和激光雷达传感器在本章会详细介绍。

6.1　DS18B20 温度传感器开发

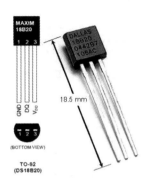

DS18B20（图 6-1）是一款物美价廉的温度传感器，测量范围 -55℃ ～ +125℃。适用范围广，很多书籍中有介绍。本节介绍如何使用 DS18B20 和树莓派连接记录温度。DS18B20 的精确度很高（±0.5℃），即使使用多个传感器时，也只需要占用树莓派的 1 个引脚来完成数据传输。

图 6-1　DS18B20 温度传感器

6.1.1　DS18B20 温度传感器的接口定义

如图 6-1 所示，DS18B20 温度传感器有 3 个引脚，分别是 1 脚 GND、2 脚 Data Query (D&)、3 脚 V_{DD}(3.3V 或 5V)。

从 DS18B20 的数据手册可知，只需要在引脚 2 和引脚 3 之间连接 4.7 kΩ 的电阻，就可以正常使用，如图 6-2 所示。

可以在网上购买一个带电阻的模块 PS18B20，如图 6-3 所示。

图 6-2　接线电路示意图

图 6-3　带电阻的模块 DS18B20

树莓派 3B 开发板的 Linux 系统的 GPIO 4 引脚支持单总线协议（1-wire），需要连接 DS18B20 模块的 DQ 引脚。使用树莓派 3B 开发板的单总线时，需要使用 modprobe 指令加载 GPIO 为"单线"模块。

```
sudo modprobe w1-gpio
sudo modprobe w1-therm
```

上面的命令运行完成后，看起来好像什么都没有发生，实际上可以输入 ls 命令查看传感器：

```
ls /sys/bus/w1/devices
```

这样就可以看到输出的信息，由 "28" 开头的字符串 + 数字显示的地址编号，通过读取该编号可获取温度。

```
28-000004.53685  w1_bus_master1
```

使用 cat 命令读取传感器的数据：（需要将 ××× 替换为真实的设备编号）

```
cat /sys/bus/w1/devices/28-×××/w1_slave
```

输出结果中，如果第一行以 "YES" 结尾，那么温度是可用的，温度值将在第二行显示，如下：

```
a6 01 4b 46 6f ff 0a 10 f6 :crc=f6 YES
a6 01 4b 46 6f ff 0a 10 f6 t=26365
```

得到温度值后，需要换算为摄氏度：26365/1000=26.365℃，也就是将读取的温度值除以 1000，得到摄氏温度值。这样通过树莓派的指令读取 DS18B20 的温度值就成功了。

6.1.2 代码实现

通常会使用程序将读取的传感器温度嵌入到代码中，代码如下。

```
01    #include  <stdio.h>
02    #include  <dirent.h>
03    char path[50]="/sys/bus/w1/devices/";// 定义全局路径
04    // 温度传感器的路径初始化
05    unsigned int   ds18b20_init()
06{
07
08    char rom[20];
09        DIR* dirp;
10    struct dirent* direntp;
11    char* temp;
12
13    if((dirp=opendir(path))==NULL)
14{
15    printf("opendir error\n");
16    return 1;
17 }
18    while((direntp=readdir(dirp))!=NULL)
19{
20    if(strstr(direntp->d_name,"28-00000"))
```

```
21{
22    strcpy(rom,direntp->d_name);// 将路径下存在的传感器复制到 d_name 中
23    printf("rom: %s\n",rom);
24  }
25 }
26    close dir(dirp);
27    strcat(path,rom);
28    strcat(path,"/w1_slave");
29
30 }
31    // 读取指定温度传感器的温度值
32    int ds18b20_read()
33{
34
35    char buf[128];
36    int fd=-1;
37    float temp;
38    unsigned short i,j;
39    char tempbuf[5];
40
41    if((fd= open(path,O_RDONLY))<0)
42{
43    printf("open error\n");
44    return 1;
45 }
46
47    if(read(fd,buf,sizeof(buf))<0)
48{
49    printf("read error\n");
50    return 1;
51 }
52    for(i=0;i<sizeof(buf);i++){
53    if(buf[i]=='t'){// 提取带 t 后面的数值
54    for(j=0;j<sizeof(tempbuf);j++){
55    tempbuf[j]=buf[i+2+j];
56  }
57 }
58 }
59    temp=(float)atoi(tempbuf)/1000;
60    printf("NO4:%.3f c\n",temp);
61
62    close(fd);
63    usleep(500000);
64
65    return temp;
```

```
66 }
67  int main(int argc,char* argv[])
68{
69      ds18b20_init();
70      ds18b20_read();
71 }
```

6.2 GPS 户外定位传感器

机器人在户外行驶过程中是离不开定位系统的，所以定位系统的选择很重要。

6.2.1 定位模块的接口定义

全球导航卫星系统（Global Navigation Satellite System，GNSS）泛指所有的卫星导航系统，包括全球的、区域的和增强的，如美国的 GPS、俄罗斯的 Glonass、欧洲的 Galileo、中国的北斗卫星导航系统，以及相关的增强系统。到目前为止，甚至 GPS 定位已不单单是指 GPS 系统，而是作为所有定位系统的一种简称。本节介绍一款比较可靠的 GPS 定位模块，型号为 UBLOX-M8N，如图 6-4 所示。

图 6-4　GPS 定位模块

笔者选择的这款 GPS 定位模块支持串口输出，可以和树莓派 3B 开发板的串口完美对接。在笔者设计的机器人系统中，树莓派 3B 开发板的硬件串口被用作和 GPS 定位模块通信。

6.2.2 NMEA-0183 协议

NMEA-0183 协议是美国海洋电子协会早期制定的海用电子设备通信协议，目前北斗系统兼容此协议。NMEA-0813 规定定位信息中使用 ASCII 码，并且按帧进行传输。每帧的起始符用"$"表示，每个代表符用"，"隔开，帧格式如下：

$aaccc，ddd，ddd，…，ddd*hh(CR)(LF)

常用帧如表 6-1 所示。

表 6-1　常用帧

帧	作用
$GPGGA	定位信息
$GPGSV	可见卫星信息
$GPRMC	推荐定位信息
$GPGSA	当前卫星信息

GPRMC(GNRMC) 是推荐定位信息，经常被使用，下面着重介绍此指令的具体含义。$GPRMC 的基本格式如下：

$GPRMC，(1)，(2)，(3)，(4)，(5)，(6)，(7)，(8)，(9)，(10)，(11)，(12)*hh(CR)(LF)，各部分说明如下：

（1）UTC 格林尼治时间，格式为 hhmmss（时分秒）。

（2）定位状态，A= 有效定位，V= 无效定位。

（3）纬度 ddmm.mmmmm（度分）。

（4）南北纬度半球，N（北半球）或 S（南半球）。

（5）经度 dddmm.mmmmm（度分）。

（6）东西经度半球，E（东经）或 W（西经）。

（7）地面速率（000.0 ～ 999.9 节）。

（8）地面航向（000.0° ～ 359.9°，以真北方为参考基准）。

（9）UTC 日期，ddmmyy（日月年）。

（10）磁偏角（000.0° ～ 180.0°，前导位数不足则补 0）。

（11）磁偏角方向，E（东）或 W（西）。

（12）模式指示（A= 自主定位，D= 差分，E= 估算，N= 数据无效）。

例　如，$GPRMC，024813.640，A，2158.4608，N，12048.3737，E，10.05，324.27，150706，A*50

6.2.3　协议解析流程及实现

获取的原始 GPS 数据并不能直接在地图上使用，GPS 从获取数据到在第三方地图上显示，需要经过一些后续处理，主要包括串口数据的读取、GPRMC 帧的数据解析、度分解析、WGS84 转换，然后才能在第三方地图上使用，整体流程如图 6-5 所示。

串口需要配置成波特率 9600，打开、读取串口的部分源码如下。

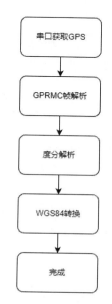

图 6-5　解析流程

```
01    if((fd=open_port(fd,1))<0){
02    perror("open_port error");
03    return 1;
04  }
05    if(set_opt(fd,9600,8,'N',1)<0){
06    perror("set_opt error");
07    return 1;
08  }
09    printf("Starting! ......\n\n");
10
11    // 测试串口是否正常可用
12    n_write=write(fd,sendbuff,sizeof(sendbuff));
13    if(n_write<0){
14    perror("write error");
15  }
16    while(1)
17  {
18    // 串口以文件的形式被用户读取
19    nread=read(fd,readbuff,sizeof(readbuff));
20    if(nread>0){
21    // 解析串口数据 readbuff
22    gps_Data_Deal((unsignedchar*)readbuff,nread);
23  }
24  }
```

部分解析函数如下。

```
01    //gps_Data_Deal 解析函数
02    int gps_Data_Deal(unsigned char* datv,int length)
03  {
04    unsigned char Res;
05    unsigned chari=0;
06
07    printf("igps rec len:%d  \n",length);
08    for(i=0;i<length;i++)
09  {
10    if(datv[i]=='\n')
11    break;
12  }
13        point1 =i;
14    for(i=0;i<length;i++)
15  {
16    if(datv[i]=='G')
17  {
18    point_start=i;
```

```
19    break;
20  }
21  }
22
23    //GPRMC/GNRMC
24    if((datv[point_start]=='G')&&(datv[3+point_start]=='M')&&
      (datv[point_start+4]=='C'))
      // 确定是否收到 "GPRMC/GNRMC" 这一帧数据
25 {
26
27    if(datv[point1]=='\n')
28 {
29
30    memset(Save_Data.GPS_Buffer,0,GPS_Buffer_Length);       // 清空
31    memcpy(Save_Data.GPS_Buffer,datv+point_start, point1);// 保存数据
32    Save_Data.isGetData= true;
33    point1 =0;
34    point_start=0;
35
36 }
37
38 }
39
40    parseGpsBuffer();
41
42    return 0;
43
44 }
```

这部分的源码可以通过扫描封底的二维码下载。

在实际的自动驾驶控制中，目前比较常见的是用差分定位实现厘米级别的定位精度，只有一个 GPS 定位模块的情况下，利用的是单点定位的技术方式。差分定位通常要比单点定位精度高。差分定位的原理是通过固定基站纠正定位偏差。基准站通过无线链路传输差分改正信号给移动站，移动站结合差分改正信息纠正定位偏差，实现厘米级精度。

6.3　激光雷达传感器

现代的智能自主移动机器人都会使用避障的传感器构建环境地图，通常使用 360°激光雷达扫描周围的障碍物。在常见的算法中，一般会对周围的环境构建栅格地图，然后使用避障算法算出最优的避障路径和方向。低端的激光扫描雷达有 slamtech 的RPLIDAR A1 和 EAI 的 X2 系列，相对其车规级的激光雷达，比较适合用于机器人中。

6.3.1 激光雷达介绍

通常，360°激光雷达存在扫描多线和扫描单线两种结构，例如 4 线 360°，扫描的数据会构成一张 4×360 的点状云图。对于一些 3D 地图构建，则要使用更高线数的激光雷达，如 16 线、32 线、64 线激光雷达，垂直扫描的角度将更大，能达到 40°，物体的高度则捕获得更充足。

如图 6-6 所示，RPLIDA A1 是一种单线扫描的激光雷达传感器，即只能扫描和雷达处于同一水平面的障碍物，构成一幅二维的 1×360 的平面图。图 6-7 为从扫描、栅格建图到构建一张二维的边界地图。

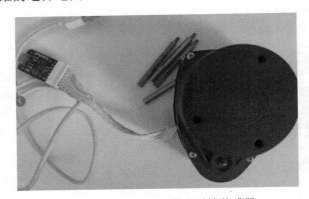

图 6-6 RPLIDA A1 激光雷达传感器

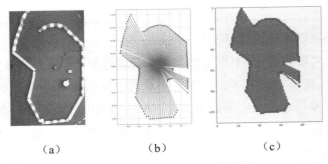

(a)　　　　　　　(b)　　　　　　　(c)

图 6-7 激光雷达扫描图（有彩图）

通常激光雷达扫描器返回的数据是 0°～359° 的距离值。

激光雷达在 ROS 系统中的 rviz 界面工具中的展示如图 6-8 所示。

激光雷达传感器和主控制器的接口有串口、USB 口、网口等通信端口。通信协议由生产厂商提供。在一般的中、低端机器人（包括笔者设计的机器人）中都是使用串口和主控制器通信，并根据厂商提供的通信协议编码，完成握手、命令控制、读写数据等操作。厂商为了扩大市场占有率，会将通信协议和源码驱动等公开。

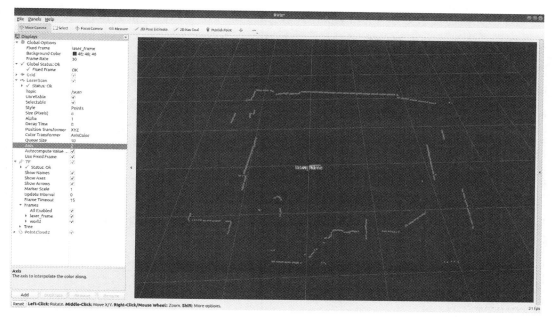

图 6-8　rviz 中展示的激光雷达扫码地图（有彩图）

6.3.2　激光雷达协议

在大多数机器人系统中，激光雷达多数是基于串口通信，图 6-9 所示为 Turtlebot 机器人与主控系统的连接示意图。

在编写串口通信时，需要根据激光雷达的电平定义以及波特率等进行配置。笔者简单介绍 AI 激光雷达的核心数据报文，激光雷达支持单次请求多次应答模式。当完成激光雷达的硬件初始化后，主控系统发送请求测距的命令，激光雷达收到后，会将对应的 360°采样点的信息（距离、角度）通过一个独立应答包的形式发送至主控系统，如图 6-10 所示。

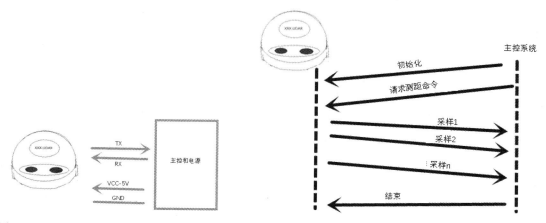

图 6-9　Turtlebot 机器人与主控系统的连接示意图　　　图 6-10　单次请求多次应答模式示意图

AI 激光雷达提供 C 版本和 Python 版本的源码，下面使用激光雷达和 BreezySlam 算法，展示一个简单的用例。Breezyslam.py 的代码如下。

```
01    #!/usr/bin/env python3
02
03
04
05    MAP_SIZE_PIXELS           =500
06    MAP_SIZE_METERS           =10
07    LIDAR_DEVICE              ='/dev/ttyUSB0'
08
09
10    # RPLidar 一帧传送 180 个采样，但是计算机运行慢会使得到的地图更新慢
11    MIN_SAMPLES    =180
12
13    import sys
14    import os
15    import time
16    from breezyslam.algorithms import RMHC_SLAM
17    from breezyslam.sensors import RPLidarA1 as LaserModel
18    from rplidar import RPLidar as Lidar
19    from roboviz import MapVisualizer
20    from rplidar import RPLidarException
21
22    if __name__ =='__main__':
23
24        # 连接 Lidar 控制器，直到雷达正常运行
25
26        berror=True
27        while berror==True:
28            lidar =Lidar(LIDAR_DEVICE)
29            try:
30                info =lidar.get_info()
31                berror=False
32            except RPLidarException as err:
33                print(err)
34                time.sleep(1)
35                berror=True
36                lidar.stop()
37                lidar.disconnect()
38                pass
39
40        # 打印出雷达信息
41        print(info)
42        # 打印雷达的健康信息
```

```
43          health =lidar.get_health()
44          print("health status:")
45          print(health)
46
47          # 创建一个 RMHC SLAM 目标结合，激光雷达模式
48          slam = RMHC_SLAM(LaserModel(), MAP_SIZE_PIXELS, MAP_SIZE_METERS)
49          # 配置显示
50          viz =MapVisualizer(MAP_SIZE_PIXELS, MAP_SIZE_METERS,'VosSLAM')
51          # 初始化空轨迹列表
52          trajectory =[]
53          # 初始化空地图
54          mapbytes=bytearray(MAP_SIZE_PIXELS * MAP_SIZE_PIXELS)
55
56          # 存储上一帧的距离和角度
57          previous_distances=None
58          previous_angles=None
59
60
61          while True:
62              for i,scan in enumerate(lidar.iter_scans()):
63                  print('%d: Got %d measurments'%(i,len(scan)))
64                  if i>0:
65                      distances =[item[2]for item in scan]
66                      angles    =[item[1]for item in scan]
67                      # 刷新 SLAM，结合 Lidar 的数据帧
68          slam.update(distances,scan_angles_degrees=angles)
69
70                      # 获得机器人当前的位姿
71                      x, y, theta =slam.getpos()
72
73                      # 获得地图的灰度值
74                      slam.getmap(mapbytes)
75                      # 展示机器人位姿和地图
76          ifnot viz.display(x/1000., y/1000., theta,mapbytes):
77                          exit(0)
78
79
80          # 断开 lidar 连接
81          lidar.stop()
82          lidar.disconnect()
```

第 17 行是串口的描述符，第 18 行导入了 rplida 的库。在第 65 行和第 66 行可以获得每一帧样本的距离和角度。第 63 行的打印信息如下：

```
01    python3 rpslam_vos.py
02    Incorrect descriptor starting bytes
03    {'model':24,'hardware':0,'firmware':(1,18),'serialnumber':'5CB4FBF2C8
      E49CCFC6E49FF1A266530D'}
04    health status:
05    ('Good',0)
06    0:Got140measurments
07    1:Got210measurments
08    2:Got208measurments
09    3:Got207measurments
10    4:Got213measurments
11    5:Got212measurments
12    6:Got212measurments
13    7:Got213measurments
14    8:Got207measurments
15    9:Got214measurments
16    10:Got218measurments
17    11:Got214measurments
18    12:Got211measurments
19    13:Got209measurments
20    14:Got214measurments
21    15:Got215measurments
22    16:Got210measurments
23    17:Got211measurments
24    18:Got214measurments
25    19:Got214measurments
26    20:Got212measurments
27    21:Got214measurments
28    22:Got206measurments
29    23:Got215measurments
30    24:Got216measurments
31    25:Got211measurments
32    26:Got213measurments
33    27:Got209measurments
34    28:Got211measurments
35    29:Got208measurments
36    30:Got206measurments
37    31:Got215measurments
38    32:Got207measurments
39    33:Got205measurments
40    34:Got215measurments
```

本例仅使用了 rplidar A1 作为激光雷达传感器扫描周边环境，可以通过其 USB 转串口功能和树莓派 3B 开发板或者 Ubuntu 系统，运行 breezyslam.py 后查看结果。读者可以自行了解 breezyslam 建图，笔者后续会进一步介绍该算法的高效、简单易用之处。实物图和效果如图 6-11 所示。

（a）激光雷达工作图

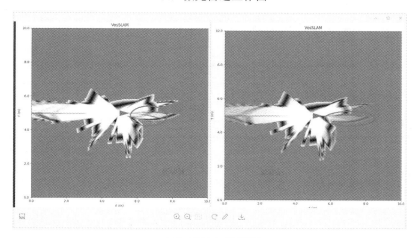

（b）雷达扫描建图

图 6-11 激光雷达工作和扫描建图（有彩图）

6.4 摄像头图像传感器

树莓派 3B 开发板通过 CSI 接口的摄像头和 openCV 可以实现一些基础的、好玩的计算机视觉实验。例如，实现球形跟踪机器人、线循迹机器人等，如图 6-12 所示。

（a）球形跟踪机器人

（b）线循迹机器人

图 6-12 机器人

图 6-13　CSI 接口的摄像头

6.4.1　摄像头的使用

树莓派 3B 开发板配有 CSI 接口的高速摄像头，如图 6-13 所示，可以获取 25 ～ 30FPS 的 1080 分辨率的视频流。

可以使用 fswebcam 指令采集摄像头图片，指令如下。

```
sudo fswebcam -d /dev/video0 -r 320.480   test.jpg
```

可以使用 raspistill 指令实现拍照、录制视频等，可通过 -h 和 -w 更改图像的高度和宽度：

```
raspistill  -o  Desktop/image-small.jpg -w 640 -h 480
```

可以使用 raspivid 命令以 Camera Module 录制视频：

```
raspivid -o  test.h264
```

6.4.2　视觉循迹机器人实例

视觉机器人如何才能循线运动呢？原理是通过摄像头确定线的中心在镜头中心的相对位置，然后通过电动机驱动车轮行驶。首先从一帧帧的摄像头视频流中选择一个 ROI（关注区域），如图 6-14 所示。

图 6-14　ROI（关注区域）

ROI 的选择不能太靠顶部，否则动作会超前；选择也不能太靠后，否则转动迟滞，达不到期望。一般将机器人的摄像头倾斜角度调到水平夹角 40°～ 60° 为最佳，采用中间部分为 ROI 区域。代码如下：

```
Rectroi(0,190,640,100);
greyImg(roi).copyTo(roiImg);
```

对 ROI 图像进行阈值分割，反相后得到黑白颠倒的图像，如图 6-15 所示，计算出中心点的坐标值。

图 6-15　二值化处理

使用形态学（腐蚀、膨胀）操作来减少黑白边缘的干扰，代码如下：

```
01    threshold(roiImg,roiImg,thVal,255,0);
02    bitwise_not(roiImg,roiImg);
03    Mat erodeElmt=getStructuringElement(MORPH_RECT, Size(3,3));
04    Mat dilateElmt=getStructuringElement(MORPH_RECT, Size(5,5));
05    erode(roiImg,roiImg,erodeElmt);
06    dilate(roiImg,roiImg,dilateElmt);
```

下一步是找到图像轮廓，将只有一个轮廓（白色四边形）。找到图像轮廓后，很容易找到其中心，该中心将用于转动机器人。如果轮廓中心移到一侧，则机器人必须转动以实现跟随，查找中心的代码如下：

```
01    findContours(roiImg, contours, hierarchy, CV_RETR_TREE,CV_CHAIN_
      APPROX_SIMPLE, Point(0,0));
02    for(size_t i=0;i<contours.size();i++){
03        float area =contourArea(contours[i]);
04        if(area >2000){
05            Moments mu;
06            mu = moments(contours[i], false);
07            Point2f center(mu.m10 / mu.m00,240);// 定义中心点
08            circle(camera, center,5, Scalar(0,255,0),-1,8,0);
09        }
10    }
```

计算出中心点的位置后，就可以得到 X、Y 的坐标。例如，摄像头获取视频流的图像尺寸为 320×240，当 $X < 160$ 时，向右转动；当 $X > 160$ 时，向左转动。转动的速度不宜过快，以免产生震荡或者丢失目标点。

6.5　本章总结

本章首先介绍简单的传感器的使用方法和实现方式，接着讲解机器人中用的最多的GPS 定位传感器、激光雷达传感器、摄像头传感器。最后总结了传感器的协议和实例，可以让读者快速入门。

第 7 章　轮式机器人的云：物联网云平台

本章主要讲解微型云服务器平台的选型、搭建以及功能性模块的部署。服务器在部署到互联网之前，会在计算机上进行调试和模拟，然后上线。本章使用个人计算机模拟云平台服务器，待所有的部署和开发完成后，再购买微型服务器，然后将所有的功能和模块打包上传到服务器。

7.1　微型服务云平台简介

日常上网浏览的内容属于网站的页面，这些网站部署在服务器上。云平台是一个可以通过互联网的 IP 地址进行访问的（在浏览器中输入 IP 地址）服务器。但是 IP 地址是一串数字，记起来不方便，所以使用简单易记的域名进行绑定，这样在浏览器的地址栏输入域名就能进入网站，显示的就是 Web 界面。

微型云服务器平台一般是个人云服务器平台，具备浏览功能、数据库服务、各类通信服务等，其硬盘存储量可以为几十吉比特，采用单双核处理器、1～2M 的带宽配置，客户端限制在千台以内。优点是低成本，部署简单，维护方便。

大多数个人 DIY 的轮式机器人没有这种云服务器，因此机器人不能上网和远程控制。通过本章内容的学习，读者对机器人联网上云、摄像头采集的照片传到云平台、温度湿度等参数上传到云平台、查看机器人定位等将有进一步的了解。

Web 服务器是一个可以提供页面浏览的服务器，用户输入地址后，浏览器自动识别地址并转向服务器，将服务器的界面下载到本地计算机然后展示给用户。这种结构称为 BS 模式，即 Browser-Server（浏览器 - 服务器）结构。另一种是 CS 模式（Client-Server），这种模式不需要在浏览器中输入 IP 地址，但需要用户安装一个客户端软件，通过这个客户端软件实现连接，显示操作选项等。

笔者在机器人的云平台中部署了 Web Server、MqttServer、MySQL 数据库。这些服务程序可以彼此通信，也可以和外部的设备联网通信。

公有云的使用需要一定的费用，如阿里云、华为云、腾讯云，支持的环境包括 Windows 和 Linux。如果只是学习，也可以在局域网内实现应用服务。笔者选购了阿里云的微服务器，硬件配置为 40G 硬盘、2M/s 带宽、单核处理器。

7.2　搭建局域网的 Server

局域网搭建 Web Server 的常用工具有很多，例如，Windows 操作系统自带的 iis 工具。

还有一些开发者提供的工具，如 easyWebServer 网站服务器、PhpStudy 等。

7.2.1 安装 PhpStudy

PhpStudy 是一个 PHP 调试环境的程序集成包，以软件工具的形式存在。支持 Apache、Nginx、MySQL、redis 等服务。PhpStudy 已经为 PHP 开发者提供了 10 年的开发环境服务，是用户量很大的集成环境软件，生产环境、开发环境都非常便捷。PhpStudy 有很好的生态环境，目前已经被阿里云收入最佳镜像网站源中，PhpStudy 的官网地址为 https://m.xp.cn/。

PhpStudy 提供 32 位和 64 位的 Windows 操作系统安装包，也提供 Linux 操作系统的安装包，本节着重讲解 Windows 操作系统中的 PhpStudy 2016 PHP-5.4.45 版本。

PhpStudy 大小为 60 MB，而且免费使用。如果在设置的路径下有能用的服务器程序，单击"启动"按钮后便可以使用功能，未启动的对话框如图 7-1 所示。

图 7-1 PhpStudy 启动前界面

借助该软件，新手调试 Web Server 将非常简单。单击菜单中的"启动"按钮后，出现如图 7-2 所示的界面。

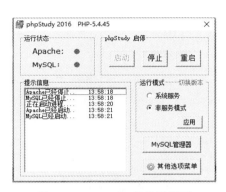

图 7-2 PhpStudy 启动后界面

可以看到 Apache 和 MySQL 已经启动，打开浏览器，输入 localhost，按回车键，出现测试界面，如图 7-3 所示。

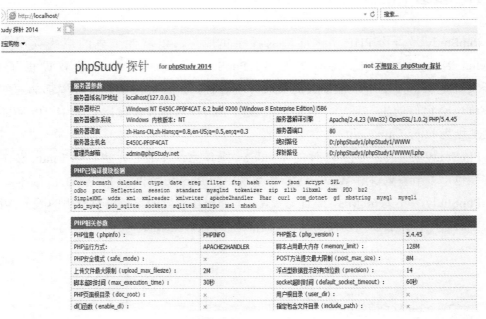

图 7-3　网站测试首页显示

7.2.2　搭建第一个物联网云

把已经开发好的网站文件夹 gps_car 放到 PhpStudy 的 www 路径下，如图 7-4 所示。

图 7-4　服务器根目录

然后在浏览器中输入 localhost/gps_car，页面如图 7-5 所示。

图 7-5　首页显示

在 gps_car 的并行目录中，可以存放多个 Web 服务的文件夹，如 web1，web2，…。只需要在浏览器中输入 localhost/web*，即可访问不同的 Server。

至此 Web Server 搭建完毕，这里的 gps_car 是笔者自己编写的，读者可扫描封底二维码下载。

这个工具可以协助读者调试 PHP、html、JavaScript、css，实现 Web 界面和后台 PHP 程序的调试通信等。笔者在 Web Server 的讲解中仅限于轻量级服务的搭建、修改、调试等，不进行深度讲解。读者了解后可以利用此类方式快速解决轮式机器人的远程显示、人机交互等问题。

7.3　阿里云服务器

搭建服务器的目的是可以在任何地方都可以通过网络访问轮式机器人，可以随时随地查看数据、定位、控制机器人。这时就需要借助互联网 IP 地址，这个 IP 地址在互联网中唯一，需要从工信部认可的互联网 IP 服务运营商处购买。

7.3.1　阿里云服务器选型

笔者使用的阿里云轻量应用服务器，具有口碑良好、服务稳定的特点，阿里云服务器又叫 ECS 服务器。提供多个实例，如图 7-6 所示，实例 1 核 1 GB、高效云盘 40 GB、峰值带宽 3M/s 的服务器就足够学习和开发使用了。本书中的机器人用的就是一个这样最基础的云服务器。

丰富的实例类型

入门级　　　企业级

突发性能实例 t5	突发性能实例 t5	突发性能实例 t5	轻量应用服务器
低负载应用｜微服务	低负载应用｜微服务	网络应用程序｜普通数据处理	轻量应用服务｜建站
10%基准CPU计算性能	10%基准CPU计算性能	30%基准CPU计算性能	每月大额流量包，速度更快
实例 1核1G	实例 1核2G	实例 2核4G	实例 1核1G
高效云盘 40GB	高效云盘 40GB	高效云盘 40GB	SSD盘 40GB
带宽 1M	带宽 1M	带宽 1M	峰值带宽 3M
￥593.40/年 起	￥809.40/年 起	￥1241.40/年 起	￥570.00/年 起
立即购买	立即购买	立即购买	立即购买

图 7-6　阿里云服务器介绍

购买之前需要注册账号，注册地址为 https://account.aliyun.com/register/register.htm，界面如图 7-7 所示。阿里云也可以使用淘宝账号登录。

欢迎注册阿里云

图 7-7　注册页面

阿里云有些端口不能访问，需要进入阿里云的控制台进行开启。阿里云开放 8080 端口，需要配置安全组。例如，开放 80/80 端口，就需要配置安全组，如图 7-8 所示。

图 7-8　安全组页面

选择"网络和安全组"选项，在弹出的 "添加安全组规则"对话框中，添加80/80
号端口，如图7-9所示。

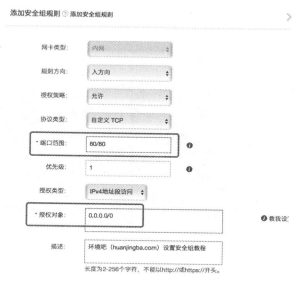

图 7-9 添加端口示意

端口范围为80/80，授权对象为0.0.0.0/0，至此，安全组开放80/80号端口就可以使用。

7.3.2 搭建 LNMP 服务器

LNMP 是 Linux+Nginx+MySQL +PHP 的简称。在 LNMP 的官网 https://lnmp.org 中
找到安装包，下载并安装即可。

注意，LNMP 在阿里云的服务器上安装，并非在树莓派 3B 开发板上。

安装的系统需求如下。

- CentOS/RHEL/Fedora/Debian/Ubuntu/Raspbian/Deepin/Aliyun/Amazon/Mint
  Linux 发行版。
- 整体需要 5 GB 以上的硬盘剩余空间，如果 MySQL 版本 > 5.7，至少需要 9 GB
  空间。
- 需要 128 MB 以上内存，注意小内存请勿使用 64 位系统。
- 安装 MySQL 5.6 或 5.7 及 MariaDB 10 必须 1 GB 以上内存，更高版本至少要
  2 GB 内存。
- 安装 PHP 7 及以上版本必须 1 GB 以上内存。

安装的步骤如下。

（1）使用 putty、XShell 或类似的 SSH 工具登录服务器。

（2）下载并安装 LNMP 一键安装包。

如需更改网站和数据库目录、自定义 Nginx 参数、PHP 参数模块，需要执行 "./install.sh" 命令。

如提示 wget: command not found，使用 yum install wget 或 apt-get install wget 命令安装。

执行上述安装命令后，出现如图 7-10 所示的提示。

```
You have 10 options for your DataBase install.
1: Install MySQL 5.1.73
2: Install MySQL 5.5.60 (Default)
3: Install MySQL 5.6.40
4: Install MySQL 5.7.22
5: Install MySQL 8.0.11
6: Install MariaDB 5.5.59
7: Install MariaDB 10.0.34
8: Install MariaDB 10.1.32
9: Install MariaDB 10.2.14
0: DO NOT Install MySQL/MariaDB
Enter your choice (1, 2, 3, 4, 5, 6, 7, 8, 9 or 0):
```

图 7-10　LNMP MySQL 数据库的选择

目前提供较多的 MySQL、MariaDB 版本选项和不安装数据库的选项，如仅需安装数据库，可在 LNMP 安装包目录下执行 ./install.sh db 命令。

输入对应 MySQL 或 MariaDB 版本前的序号，按回车键进入下一步，图 7-11 为设置数据库密码。

```
Please setup root password of MySQL.
Please enter:
```

图 7-11　数据库密码设置

设置 MySQL 的 root 密码，如果输入错误需要删除，可以按住 Ctrl 再按 Backspace 键进行删除（个别情况下只需要按 Backspace 键）。输入后按回车键进入下一步。询问是否需要启用 MySQL InnoDB，InnoDB 引擎默认为开启，一般建议开启，直接按回车键或输入 y，如果确实不需要该引擎可以输入 n，如图 7-12 所示。（MySQL 5.7 以上版本无法关闭 InnoDB），输入完成后，按回车键进入下一步。

```
Do you want to enable or disable the InnoDB Storage Engine?
Default enable,Enter your choice [Y/n]:
```

图 7-12　启用 InnoDB

注意，选择 PHP 7 以上版本时需要确认 PHP 版本是否与自己的程序兼容。

输入选择的 PHP 版本的序号，如图 7-13 所示，按回车键进入下一步，选择是否安装内存优化，如图 7-14 所示。

图 7-13　PHP 版本选择

图 7-14　内存优化选择

可以选择不安装内存优化程序，直接按回车默认为不安装，输入对应序号后按回车键进入下一步。

如果是 LNMPA 或 LAMP 还会提示设置邮箱和选择 Apache 的版本信息等步骤，图 7-15 为提示输入邮箱地址。

图 7-15　提示输入邮箱地址

需要设置管理员邮箱，该邮箱会在报错时显示在错误页面上。接着再选择 Apache 版本，如图 7-16 所示。

图 7-16　选择 Apache 版本

笔者选择默认继续安装，按回车键后，提示"Press any key to install...or Press Ctrl+c to cancel"，按回车键确认开始安装。LNMP 脚本就会自动安装编译 Nginx、MySQL、PHP、PHPMyAdmin 等软件及相关组件。

界面显示 Nginx: OK，MySQL: OK，PHP: OK，并且 Nginx、MySQL、PHP 都是运行状态，80 和 3306 端口都存在，提示安装使用的时间并显示"Install LNMP V1.5 completed! enjoy it"，说明安装成功，如图 7-17 所示。

安装时，如果系统一直卡在"Install LNMP V1.5 completed! enjoy it"不自动退出，可以按 Ctrl+C 强行退出。

安装完成后可以使用 SFTP 或 FTP 服务器上传网站代码，将域名解析到服务器的 IP 上，解析生效即可使用互联网公网访问了。

```
====================== Check install ======================
Checking ...
Nginx: OK
MySQL: OK
PHP: OK
PHP-FPM: OK
Clean src directory...
+--------------------------------------------------------------+
|      LNMP V1.5 for CentOS Linux Server, Written by Licess     |
+--------------------------------------------------------------+
|        For more information please visit https://lnmp.org     |
+--------------------------------------------------------------+
|   lnmp status manage: lnmp {start|stop|reload|restart|kill|status} |
+--------------------------------------------------------------+
| phpMyAdmin: http://IP/phpmyadmin/                            |
| phpinfo: http://IP/phpinfo.php                               |
| Prober:  http://IP/p.php                                     |
+--------------------------------------------------------------+
| Add VirtualHost: lnmp vhost add                              |
+--------------------------------------------------------------+
| Default directory: /home/wwwroot/default                     |
+--------------------------------------------------------------+
| MySQL/MariaDB root password: lnmp.org#12910                  |
+--------------------------------------------------------------+
+------------------------------------------+
|      Manager for LNMP, Written by Licess  |
+------------------------------------------+
|              https://lnmp.org             |
+------------------------------------------+
nginx (pid 1666 1664) is running...
php-fpm is runing!
 SUCCESS! MySQL running (2225)
Active Internet connections (only servers)
Proto Recv-Q Send-Q Local Address        Foreign Address      State
tcp       0      0 0.0.0.0:3306          0.0.0.0:*            LISTEN
tcp       0      0 0.0.0.0:80            0.0.0.0:*            LISTEN
tcp       0      0 0.0.0.0:22            0.0.0.0:*            LISTEN
tcp6      0      0 :::22                 :::*                 LISTEN
Install lnmp takes 41 minutes.
Install lnmp V1.5 completed! enjoy it.
```

图 7-17　安装完成提示

7.3.3 LAMP 服务器的搭建

LAMP 服务器是 Linux+Apache+MySQL+PHP 的简称，LAMP 同样提供一个安装包，笔者 DIY 的机器人应用中选用的就是这种类型。

LAMP 是经典的建站环境之一，流行多年，迄今仍旧十分受中小站长的欢迎。而本脚本只需几个简单交互，选择需要安装的包，即可安装成功。

源码下载地址为 https://github.com/teddysun/lamp。

下面讲解如何在 Ubuntu 系统中进行安装。在 Ubuntu 的 Shell 中切换到要安装的路径，然后输入以下指令：

```
git clone https://github.com/teddysun/lamp.git
cd lamp
chmod 755 *.sh
screen -S lamp
./lamp.sh
```

其安装步骤与安装 LNMP 类似，此处不再赘述。

卸载指令如下：

```
./uninstall.sh
```

安装完成后需要注意一些关键文件的路径信息，方便修改，对于小型机器人的云端，配置一次即可。

1. 安装目录

- MySQL 安装目录：/usr/local/MySQL。
- MySQL 数据库目录：/usr/local/MySQL/data（默认路径，安装时可更改）。
- PHP 安装目录：/usr/local/PHP。
- Apache 安装目录：/usr/local/Apache。
- PHPMyAdmin 安装目录：/data/www/default/PHPmyadmin。

2. 网站目录

- 默认的网站根目录：/data/www/default。
- 默认页位置：/data/www/default/index.html。
- 新建网站默认目录：/data/www/ 网站域名。
- PHPMyAdmin 后台地址：http:// 域名或 IP/PHPmyadmin/。
- PHPMyAdmin 默认用户名：root 默认密码：root。

注意，此密码为 MySQL 的 root 密码。在安装时会要求输入，如不输入则为默认密码为 root。用户名和密码在配置文件 /usr/local/PHP/PHP.d/xcache.ini 中定义。

3. 配置文件目录

- Apache 日志目录：/usr/local/Apache/logs。
- 新建网站日志目录：/data/wwwlog/ 网站域名。
- Apache 默认 SSL 配置文件：/usr/local/Apache/conf/extra/httpd-ssl.conf。
- 新建网站配置文件：/usr/local/Apache/conf/vhost/ 网站域名 .conf。
- PHP 配置文件：/usr/local/PHP/etc/PHP.ini。
- PHP 所有扩展配置文件目录：/usr/local/PHP/PHP.d/。
- MySQL 配置文件：/etc/my.cnf。

安装建议：根据自己的建站要求，选择合适的软件版本安装即可。

最后在浏览器中输入 IP 地址或者域名，出现如图 7-18 所示的界面，表示安装成功。

图 7-18　安装成功界面

7.4　JavaScript 建立简单的 MQTT 通信

在 3.3 节讲过 Linux 下安装 MQTT 的相关内容,本节简单介绍如何使用 HTML 脚本和 JavaScript 语言开发 MQTT 通信。MQTT 通信可以实现网页显示和机器人树莓派终端的实时通信,方便快捷。

在笔者设计的机器人系统中,使用了 mqttws31.js 的开源程序库。通过该库实现了机器人和云端的定位展示、远程摇杆控制、数据采集等。

Mqtt-demo.js 通过订阅"111111/state/gps"主题接收 GPS 的定位信息,代码如下。

```
01    <script src="mqttws31.js"></script>
02    <script>
03        var hostname ='127.0.0.1',
04        lonti=116.238982,
05        lati =40.0933592,
06        devid=111111,
07        port =8083,
08        clientId='client-1234',
09        timeout =5,
10        keepAlive=50,
11        cleanSession=false,
12        ssl=false,
13        topic=devid+'/state/gps';
14
```

```
15        function MQTTconnect(){
16
17            console.log(devid);
18            client =newPaho.MQTT.Client(hostname,Number(port),"clientId");
19            client.onConnectionLost=onConnectionLost;//注册连接断开处理事件
20            client.onMessageArrived=onMessageArrived;//注册消息接收处理事件
21            client.connect({onSuccess:onConnect});//连接服务器并注册连接成功处理
                                                     //事件
22        };
23        function onConnect(){
24            console.log("onConnect");
25            client.subscribe(topic);
26
27        };
28        function onConnectionLost(responseObject){
29        if(responseObject.errorCode!==0)
30        console.log("onConnectionLost:"+responseObject.errorMessage);
31        console.log("连接已断开");
32        };
33        function send(){
34            console.log("into send message");
35             //json对象
36          var jsoninf={"gpsend":"1","endlonti":"100","endlati":"100"};
37            sendTopic=devid+'/download/position';
38            //修改firstName属性的值
39            var strs =new Array();
40            var s =document.getElementById("end").value;
41            strs =s.split(",");
42            jsoninf["endlonti"]=strs[0]+'';
43            jsoninf["endlati"]=strs[1]+'';
44            ss =JSON.stringify(jsoninf);
45            console.log(jsoninf);
46            if(s){
47                message =new Paho.MQTT.Message(ss);
48                message.destinationName=sendTopic;
49                client.send(message);
50
51            }
52        }
53
54        function onMessageArrived(message){
55        console.log("收到消息:"+message.payloadString);
56        console.log("主题:"+message.destinationName);
57        console.log("长度:"+strlen(message.payloadString));
58        if(strlen(message.payloadString)>60)
```

```
59    {
60
61            var temp1 =jQuery.parseJSON(message.payloadString);
62            console.log(" 解析出来的类型： "+temp1.type);
63            console.log(" 解析出来的设备号： "+temp1.devid);
64            console.log(" 解析出来的经度： "+temp1.lonti);
65            console.log(" 解析出来的纬度： lati: "+temp1.lati);
66            lati = temp1.lati;
67            lonti= temp1.lonti;
68
69
70      }
71
72    };
73      function send_x_y(velocity,angle){
74           console.log("into send message");
75           //json 对象
76           var jsoninf={"control":"1","vel":"Bill","ang":"Gates"};
77           sendTopic=devid+'/download/control';
78           // 修改 firstName 属性的值
79
80           jsoninf["vel"]=velocity.toFixed(1)+'';
81           jsoninf["ang"]=angle.toFixed(1)+'';
82
83           ss =JSON.stringify(jsoninf);
84           console.log(jsoninf);
85           if(ss){
86               message =new Paho.MQTT.Message(ss);
87               message.destinationName=sendTopic;
88               client.send(message);
89
90           }
91      }
92
93    MQTTconnect();
94    </script>
```

程序中第 15 行 MQTTconnect() 函数配置了信息接收的处理函数，为第 54 行的 onMessageArrived(message) 函数。第 33 行和第 73 行调用发送函数发送数据。发送函数内部可以直接指定发送的主题。

注意，在树莓派 3B 开发板搭建 Web 服务器，可借助 Boa 实现，具体的介绍已经在第 5.10 节中讲述，此处不再赘述。

7.5 本章总结

本章首先介绍微型云服务平台基本情况，然后说明微服务云在机器人系统的存在价值。接着介绍微型服务器的安装和使用，PhpStudy 软件的启动等，最后介绍 MQTT 在云服务器中的网页使用方法。

本章介绍相对简单，满足机器人的云服务需求即可。

第 8 章　轮式机器人路径规划

本章介绍机器人路径规划的相关知识。在不同的领域会有不同的路径规划规则，而规则的建立也依赖算法。本章从全局路径规划、局部路径规划、手动规划和自动规划相结合的角度进行讲述。让读者迅速了解机器人自动运行的原理，同时对算法规划具有初步了解，进一步认识"避障需有图"的原则。

8.1　机器人路径规划

路径规划系统帮助机器人计算出一条从起点到目标点的路径轨迹，然后按照该轨迹行驶。如图 8-1 所示，假设从北京西站去天坛公园，通过地图软件获知先去公交站坐公交车，软件规划好了去公交站的路线。这时软件所提供的功能叫全局路径规划，它的备选依据有时间、距离、交通工具等。如果在去公交站的路上遇到行人、车等，要避开这些"障碍物"，所以还要根据眼前的障碍物规划出一条局部的路径，这就是局部路径规划。

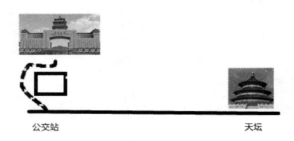

图 8-1　路径规划

一般来讲，全局路径规划是基于现有的地图实现，地图可以通过激光雷达、摄像头等传感器，利用 SLAM 建图算法得到，户外的路径规划也可以通过开放的地图软件得到。局部路径的规划基于周边环境实现，而环境是由机器人周边障碍物构成的，一般通过激光雷达等避障传感器感知得到。

对于户外机器人，可以借助地图软件进行定位导航，最大的方便之处就是省去了全局规划，地图软件自带的路径规划功能可以规划出一条比较折衷的路线。

但是对于大部分地图软件，地图的规划功能对接到 DIY 的机器人可能比较困难，例如，地图规划的接口需要收费，地图规划的路径点需要符合接口规范等。

对于户外机器人，实现全局路径规划最容易的方法就是手动规划结合路径规划算法。

对于室内机器人，不需要使用第三方地图软件。而是由机器人自己绘制地图，绘制地图的格式可以是栅格的、拓扑的。本书重点以栅格地图绘制进行讲解。

8.2 机器人全局规划

栅格地图是将一张地图网格化，每个网格有两种状态：占用和空闲。假设障碍物占据了(3,2)坐标的网格，那么(3,2)坐标的网格就是占用状态。栅格地图也是建图（Mapping）算法中常用的地图格式。

8.2.1 机器人栅格建图概述

通常机器人用激光传感器扫描周围环境，传感器可以 360°旋转，但是任何传感器都存在一定误差，所以要避免这些误差，就需要滤波。

激光传感器发射的激光束遇到障碍物会被反射回来，这样就能得到激光从发射到接收的时间差，进一步得到传感器到该方向上最近障碍物的距离。利用激光传感器，机器人就能够很好地完成建图任务。但是传感器数据是有噪声的。例如，假设在 t_1 时刻计算出激光传感器到障碍物的距离为 4 m，t_1+1 时刻的距离为 4.1 m，这样是不是应该把 4 m和 4.1 m 的地方都标记为障碍物？该如何解决呢？下面讲笔者的解决思路。

假设我们有一张 100×100 像素的白纸，在白纸上均匀地划分为 10 行 10 列，这样就可以得到 100 个小格子，每一个小格子代表 1 m。假设激光传感器在第 4 行第 6 列的位置（从下往上，从左往右），当存在障碍物时，会给该处的栅格赋 0.0 ～ 1.0 的值，如栅格的初始状态都是 0.5，扫描到障碍物时，该处栅格的值加 0.1，未扫描到就减 0.1，这样只要该处的栅格值大于某个阈值就代表有障碍物，同时满足大于 1.0 时不再加，小于 0.0 时不再减。实际开发中，栅格地图可以借助 OpenCV 图像库来完成，如图 8-2 所示。

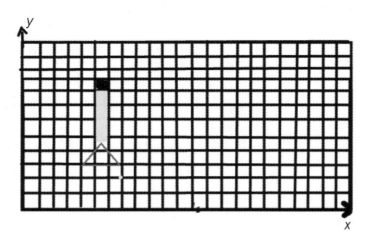

图 8-2 栅格地图

假设激光传感器 1s 可以旋转 6 圈，能够扫描的最大距离为 5 m，当某个障碍物出现在扫描范围内时，1s 内该障碍物被扫描了 6 次，该处的栅格值为 0.5+0.1×6=1.1 （大于

1.0），1圈中没有障碍物的栅格值将会变为0.5-0.1×6=-0.1（小于0.0）。实际应用中，机器人存在静止不动的时候，激光传感器会不停地转动，周围的障碍物可能要被扫描数千遍。如果不设置0.0和1.0为向下和向上的界限，而像素的最大值为255，则栅格值会超出255，导致溢出，出现错误。也有其他方法，例如可以使用对数几率函数完美解决该溢出问题（本书不再赘述，感兴趣的读者可以深入了解）。

通过上面的步骤，就可以创建一张黑白的、带有障碍物的地图了，该地图是机器人经过区域所构建的局部地图。关于栅格地图更多的介绍，可以查看《概率机器人》一书。

使用 OpenCV 建图时会利用图像知识，栅格地图属于灰度图，像素值的范围为 0～255。像素值为127的区域表现为灰色，代表初始状态。像素值为255的区域表现为白色，代表没有障碍物的空闲状态。像素值为0的区域表现为黑色，代表存在障碍物时的占用状态，如图8-3所示。

除了使用激光雷达，还可使用3面超声波雷达进行扫描，这3个超声波雷达分别固定在正前方和左右两侧，这样就能创建带有障碍物的栅格地图了，如图8-4所示。

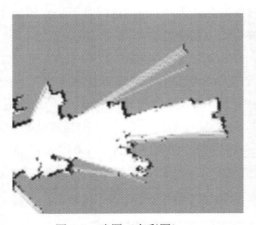

图8-3　建图（有彩图）

图8-4　基于3面超声波雷达建图（有彩图）

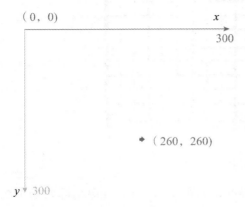

图8-5　OpenCV 图像示意图

8.2.2　借助 OpenCV 画轨迹

本节使用 OpenCV 强大的开源库，将从底盘获取的里程计数画在一张 300×300 像素的"地图"上。下面讲解里程计轨迹和 OpenCV 坐标的对应关系。

OpenCV 的起始坐标（0，0）在左上角，所以在使用图像作地图时竖直方向（y 轴）需要倒置，而水平方向（x 轴）不需要倒置，如图8-5所示。

从里程计得到的实时 (x, y) 坐标转换成对应的像素坐标（1 cm 对应 1 个像素），经过图像处理得到实验的数据和图像。Trajpaint.cpp 文件内容如下。

```
01   #include <iostream>
02   #include <stdlib.h>
03   #include <algorithm>
04   #include <time.h>
05   #include <unistd.h>
06   #include <sys/time.h>
07   #include <stack>
08   #include <opencv2/opencv.hpp>
09   #include "trajpaint.h"
10   #include <fstream>
11   #include <sstream>
12   using name space std;
13   using name space cv;
14
15   string Trim(string& str)
16   {
17    str.erase(0,str.find_first_not_of(" \t\r\n"));
18    str.erase(str.find_last_not_of(" \t\r\n")+1);
19
20    return str;
21   }
22
23   #define Map_Size   300
24   char Sonars_logs[Map_Size][Map_Size]={0};
25   int main()
26   {
27
28       // 设置机器人初始位置
29       int Xr=float(Map_Size/2);
30       int Yr=float(Map_Size/2);
31       // 读文件
32       if streaminFile("xy.txt",ios::in);
33       string lineStr;
34       // 定义两个 Mat 图片
35       Mat src(Map_Size,Map_Size, CV_8UC1, cv::Scalar(0));
36           Mat Map_log_sonar=Mat(Map_Size,Map_Size, CV_8UC1,cv::
                 Scalar(0));
37       // 初始化灰色背景
38        memset(&Sonars_logs[0][0],127,sizeof(Sonars_logs));
39       while(getline(inFile,lineStr))
40   {
41
```

```
42          string str;
43          vector<string>lineArray;
44          // 按照逗号分隔
45          while(getline(ss, str,',')){
46              lineArray.push_back(str);
47          }
48          // 分别读取 x,y 坐标
49          string a0 = Trim(lineArray[0]);
50          string a1 = Trim(lineArray[1]);
51          int xx =atoi(a0.c_str());
52          int yy=atoi(a1.c_str());
53          cv::Mat Aimg(Map_Size,Map_Size, CV_8UC1,cv::Scalar(0));
54          Sonars_logs[Yr][Xr]=255;
55          Xr= xx;
56          Yr=yy;
57          // 数组中的数据复制到 Mat 中
58              std::memcpy(Aimg.data,Sonars_logs,Map_Size*Map_
                Size*sizeof(unsignedchar));
59          Map_log_sonar=Aimg;
60
61      }
62      imshow("traj",Map_log_sonar);
63      waitKey(0);
64  }
```

源码中，第 32 行使用 C++ 的文件读写接口 ifstreaminFile 读取规划好的坐标，该坐标由手动写入。然后在黑色的背景图中用白色画轨迹。

在已经安装 OpenCV 的前提下，需要安装在 /usr/local 下，可在 Ubuntu Linux 下进行编译，编译的 Makefile 如下。

```
##### Make sure all is the first target.
all:


CXX= g++
CC=gcc


CFLAGS  += -g -pthread -Wall
CFLAGS  += -rdynamic -funwind-tables


CFLAGS  += -I./inc
CFLAGS  += -I./usr/include
CFLAGS  += -I./include
CFLAGS += -D__unused="__attribute__((__unused__))"


#LDFLAGS += -L./usr/lib/gpac
```

```
LDFLAGS +=  -ldl
LDFLAGS += -L/usr/local/lib/
LDFLAGS += -lopencv_core -ldl -lm  -lstdc++
CFLAGS += -I/usr/local/include/opencv
CFLAGS += -I/usr/local/inc/opencv/opencv2
CFLAGS += -I/usr/local/include

LDFLAGS +=  -lopencv_calib3d  -lopencv_features2d   -lopencv_imgcodecs
-lopencv_ml -lopencv_objdetect -lopencv_photo
LDFLAGS +=   -lopencv_shape -lopencv_stitching -lopencv_superres
-lopencv_video -lopencv_videostab -lopencv_videoio   -lopencv_highgui
LDFLAGS += -lIlmImf -llibjasper -llibtiff  -llibjpeg -llibwebp  -lopencv_
imgproc -lopencv_flann -lopencv_core
LDFLAGS += -lrt -lpthread -pthread -lm -ldl

C_SRC=
CXX_SRC=
CXX_SRC +=
CXX_SRC +=  trajpaint.cpp
OBJ=
DEP=


OBJ_CAM_SRV=trajpaint.o
TARGETS     +=trajMapxy
$(TARGETS):$(OBJ_CAM_SRV)
TARGET_OBJ +=$(OBJ_CAM_SRV)
FILE_LIST:= files.txt
COUNT:= ./make/count.sh
MK:=$(word 1,$(MAKEFILE_LIST))
ME:=$(word $(words $(MAKEFILE_LIST)),$(MAKEFILE_LIST))
OBJ=$(CXX_SRC:.cpp=.o)$(C_SRC:.c=.o)
DEP=$(OBJ:.o=.d)$(TARGET_OBJ:.o=.d)

CXXFLAGS +=$(CFLAGS)
#include ./common.mk
.PHONY: all clean distclean

all:$(TARGETS)

clean:
    rm -f $(TARGETS)$(FILE_LIST)
find . -name "*.o" -delete
find . -name "*.d" -delete
```

```
distclean:
    rm -f $(TARGETS)$(FILE_LIST)
find . -name "*.o" -delete
find . -name "*.d" -delete


-include $(DEP)

%.o: %.c $(MK)$(ME)
@[ -f $(COUNT) ] &&$(COUNT)$(FILE_LIST) $^ || true
    @$(CC) -c $< -MM -MT $@ -MF $(@:.o=.d)$(CFLAGS)$(LIBQCAM_CFLAGS)
$(CC) -c $<$(CFLAGS) -o $@ $(LIBQCAM_CFLAGS)

%.o: %.cpp $(MK)$(ME)
@[ -f $(COUNT) ] &&$(COUNT)$(FILE_LIST) $^ || true
    @$(CXX) -c $< -MM -MT $@ -MF $(@:.o=.d)$(CXXFLAGS)
$(CXX) -c $<$(CXXFLAGS) -o $@

$(TARGETS):$(OBJ)
$(CXX) -o $@ $^ $(CXXFLAGS)$(LDFLAGS)
@[ -f $(COUNT) -a -n "$(FILES)" ] &&$(COUNT)$(FILE_LIST)$(FILES) ||
true
@[ -f $(COUNT) ] &&$(COUNT)$(FILE_LIST) || true
```

  该 Makefile 要求 OpenCV 安装在 /usr/local 路径下，编译完成后，可执行的二进制文件为 trajMapxy，执行后的效果如图 8-6 所示。

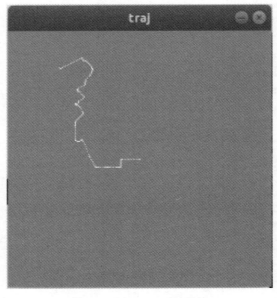

图 8-6　OpenCV 画的轨迹

  该项目的工程文件可扫描图书封底二维码下载。

8.2.3 栅格地图的建图过程

前两节已经具体讲述了栅格建图的原理以及 OpenCV 画轨迹的方法。本节利用这两节的知识，再结合第 2 章中二值贝叶斯的原理，实现二值贝叶斯建图。

本节讲述的建图分为离线建图和在线建图。离线建图是指将构建地图所需要的数据以文本的形式保存成文件，离线建图系统从文本中读取数据，完成构建地图的过程。离线建图系统可以在树莓派开发板中完成，也可以在 Windows 操作系统中单独开发建图系统完成。在线构建地图系统是实时的，将实时读取的数据送到在线构建地图系统完成构建。在线构建地图可以在机器人本机完成，也可以在远程计算机上完成。常见的 ROS系统就是在远程计算机上完成建图。如果在远程计算机上构建地图，需要建立数据快速共享服务，共享时的数据传输要做到"零差"延时，ROS 是利用网络实现的近似零差同步共享系统。上面讲述的所需数据包括雷达扫描的角度信息、距离信息和底盘发送的里程计信息（x、y 坐标，航向角）。在后续的章节中会介绍 BreezySLAM 的建图系统方法。

1.构建地图说明

离线构建地图大体分为两步，第一步，将构建地图数据存入文本，第二步，从文本读取数据并构建地图，步骤如图 8-7 所示。

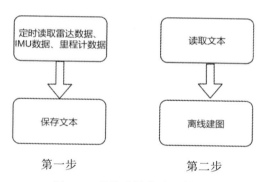

图 8-7 离线建图步骤示意图

图 8-7 中的第一步和第二步都是在树莓派 3B 开发板中完成的。里程计的数据通过串口从 STM32 中获取，雷达数据可以为激光雷达数据或者超声波雷达数据，IMU 数据通过树莓派嵌入的 RTIMU 开源库读取得到。在以后的章节中,会引用下面的函数作为功能说明。

```
01   pthread_attr_init(&attr);
02   pthread_attr_setschedpolicy(&attr, SCHED_RR);
03   param.sched_priority=5;
04   pthread_attr_setschedparam(&attr,&param);
05   pthread_create(&pthread_id,&attr,IMUThread,NULL);
06   pthread_attr_destroy(&attr);
07   /* 创建单片机的通信队列 */
08   pthread_attr_init(&attr);
```

```
09    pthread_attr_setschedpolicy(&attr, SCHED_RR);
10    param.sched_priority=5;
11    pthread_attr_setschedparam(&attr,&param);
12    pthread_create(&pthread_id,&attr,&stm_Loop,NULL);
13    pthread_attr_destroy(&attr);
14    /* 创建 cpu 任务 */
15    pthread_attr_init(&attr);
16    pthread_attr_setschedpolicy(&attr, SCHED_RR);
17    param.sched_priority=5;
18    pthread_attr_setschedparam(&attr,&param);
19    pthread_create(&pthread_id,&attr,&getCPUPercentageThread,NULL);
20    pthread_attr_destroy(&attr);
21    /* 创建 MQTT 的发布任务 */
22    pthread_attr_init(&attr);
23    pthread_attr_setschedpolicy(&attr, SCHED_RR);
24    param.sched_priority=5;
25    pthread_attr_setschedparam(&attr,&param);
26    pthread_create(&pthread_id,&attr,&Mqtt_PublishTask,NULL);
27    pthread_attr_destroy(&attr);
28    /* 创建 MQTT 的监听任务 */
29    pthread_attr_init(&attr);
30    pthread_attr_setschedpolicy(&attr, SCHED_RR);
31    param.sched_priority=5;
32    pthread_attr_setschedparam(&attr,&param);
33    pthread_create(&pthread_id,&attr,&Mqtt_ClientTask,NULL);
34    pthread_attr_destroy(&attr);
35    /* 创建超声波的读取任务 */
36    pthread_attr_init(&attr);
37    pthread_attr_setschedpolicy(&attr, SCHED_RR);
38    param.sched_priority=5;
39    pthread_attr_setschedparam(&attr,&param);
40    pthread_create(&pthread_id,&attr,&getUltrasonicThread,NULL);
41    pthread_attr_destroy(&attr);
42    /* 创建雷达的读取任务 */
43    pthread_attr_init(&attr);
44    pthread_attr_setschedpolicy(&attr, SCHED_RR);
45    param.sched_priority=5;
46    pthread_attr_setschedparam(&attr,&param);
47    pthread_create(&pthread_id,&attr,&getRpLidarThread,NULL);
48    pthread_attr_destroy(&attr);
49    /* 创建建图任务 */
50    onlineMaping_Array();
51    /* 创建画轨迹任务 */
52    paintTraj2txt();
```

接下来的工程中，会用到第 5 行的获取 IMU 的线程 IMUThread()、第 12 行 STM32 通信线程 stm_Loop()、第 33 行 MQTT 通信摇杆控制线程 Mqtt_ClientTask()、第 40 行获取超声波雷达数据线程 getUltrasonicThread()、第 47 行获取激光雷达数据线程 getRpLidarThread()，以上线程在所有的工程中通用。

在栅格建图过程中，都用到了上述所述的线程函数。另外，onlineMaping_Array() 函数是在线建图，paintTraj2txt() 函数是将所需的位姿（x，y，heading）和雷达（激光雷达或者超声波雷达）数据按一定的顺序、格式保存到文本中。

进一步说，在线建图时当前可见区域内的环境更新是实现避障算法的基础，在线建图的步骤可简化为图 8-8。

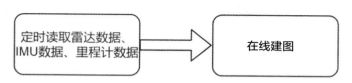

图 8-8　在线建图步骤示意图

上述内容是整个建图的实现框架和方法。

下面的例子中，栅格地图建设会用到二值贝叶斯、高斯概率分布的知识，是对前面所讲的数学知识的实践。

2. 基于超声波雷达构建地图

基于超声波雷达构建地图比较容易理解，也容易举一反三。基于超声波的栅格地图构建会用到高斯概率分布和二值贝叶斯。

本节设计的栅格地图有 300×300 栅格，地图中每一个栅格的状态有占用和空闲两种状态，利用超声波雷达将测量得到的距离按 50:1 的比例映射到栅格地图中。将 1s 内多次获得的障碍物距离，根据航向角和雷达安装位置计算输出每一个栅格的占用概率，定义二维数组 Sonars_logs[300][300]，代表栅格地图中每一个栅格的占用状态的对数机率，在程序中，用 Sonars_logs[Yimg][Ximg] = logPx 表示坐标 (Ximg, Yimg) 的对数机率值为 logPx。并且对数几率符合高斯概率

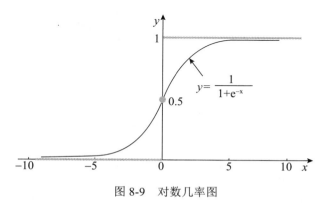

图 8-9　对数几率图

率分布。每一个栅格的对数几率值对应图 8-9 的 x 值。当 x 值为正值时，越大表示占用的机率越大，存在障碍物的可能性越高。通常在构建地图时障碍物边界用黑色表示。

高斯概率分布的概率密度函数为

$$f(x) = \frac{1}{\sqrt{2\pi}\sigma} \exp\left(-\frac{(x-\mu)^2}{2\sigma^2}\right) \tag{8-1}$$

当 $\mu=0$，$\sigma=1$ 时，正态分布就成为标准正态分布：

$$f(x) = \frac{1}{\sqrt{2\pi}} e^{\left(-\frac{x^2}{2}\right)} \tag{8-2}$$

经过多次实验，得到较好效果时的 $\mu=0$，$\sigma=5$，该正态分布的源码实现如下。

```
01    double sigma_t=5;
02    double A =1/(sqrt(2*M_PI) *sigma_t);
03    double C = pow((theta/sigma_t),2);
04    double B = exp(-0.5*C);
05    doublePtheta= A*B ;
```

其中，第 1 行 sigma_t 为 σ，第 3 行的 theta 为 x 随机变量，在建图中指的是超声波雷达扫描出的栅格点相对于当前位置点的角度，该角度符合正态分布情况。完整的建图流程说明如图 8-10 所示。

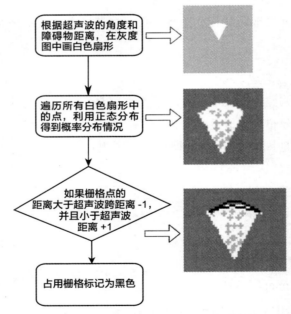

图 8-10　建图步骤说明图（图中用颜色表示正态分布情况，有彩图）

建图的关键函数在 SonarModelArray() 中，源码如下。

```
01    /***********************************************************
02    * @remarks      SonarModelArray
03    * @brief        超声波雷达建图功能函数
04    * @param        occmap:Mat 地图；Xr,Yr:机器人当前位置；Rangle:测量角度
05    *               SonarDist:测量距离；cellsize:栅格大小；scale:栅格比例
```

```
06      * @return      0：成功
07      * @author
08      ************************************************************/
09      int SonarModelArray(cv::Mat occmap,int Xr,int Yr,int Rangle,int
        SonarDist,int cellsize,float scale)
10      {
11
12          int Map_size=occmap.cols;
13          // 这里必须重新构建新地图，如果直接使用 occmap 绘制，会导致重复使用出现重影
14          Mat mapgrid(Map_size,Map_size, CV_8UC1, cv::Scalar(0));
15          int thick  =int(cellsize* scale);
16          SonarDist=int(SonarDist* scale);
17          // 创建一张图片，300×300 的 unsigned char 矩阵，值都为 0
18          int row =occmap.rows;
19          int col =occmap.cols;
20          int thicknesss=-1;
21
22          // 在新地图中使用 ellipse 函数画扇形，扇形颜色标记为白色
23          ellipse(mapgrid,Point(int(Xr),int(Yr)),Size(SonarDist,SonarDist),
            Rangle,-15,15, Scalar(255),thicknesss);
24          // 创建一个 mat 用于存储新的坐标
25          Mat wLocMat=Mat::zeros(mapgrid.size(),CV_8UC1);
26          // 在新地图中找到非 0 的像素，即白色扇形地图，不能使用原地图
27          findNonZero(mapgrid,wLocMat);
28          for(int i=0;i<wLocMat.total();i++){
29              // 使用范数求距离
30              float dealtx= pow(wLocMat.at<Point>(i).x - Xr,2);
31              float dealty= pow(wLocMat.at<Point>(i).y- Yr,2);
32              float dist=sqrt(dealtx+dealty);
33              int Ximg= wLocMat.at<Point>(i).x ;// 是一个值，对应坐标 x
34              int Yimg= wLocMat.at<Point>(i).y ;// 是一个值，对应坐标 y
35              Point startp,robotp;
36              startp.x=Ximg;                  // 扇形中点（栅格）的坐标 x
37              startp.y=Yimg;                  // 扇形中点（栅格）的坐标 y
38              robotp.x=Xr;                    // 机器人的当前位置 x
39              robotp.y=Yr;                    // 机器人的当前位置 y
40              // 得到目标栅格点到机器人当前位置的角度
41              float theta =CalculateAngle(robotp,startp)-Rangle;
42              if(theta <-180)      // OpenCV 的 y 坐标反相
43                  theta = theta +360;
44              else if( theta>180)
45                  theta = theta -360;
46              // 正态分布概率的分布情况
47              double sigma_t=5;
48              double A =1/(sqrt(2*M_PI*sigma_t));
```

```
49          double C = pow((theta/sigma_t),2);
50          double B = exp(-0.5*C);
51          double Ptheta= A*B ;
52          // 考虑障碍物尽快恢复空闲的方法，使用 2 倍快速清除
53          double P =2*Ptheta;
54          double Px=0,logPx=0;
55          if(dist>(SonarDist- thick)&&dist<(SonarDist+ thick))
            // 占用区域
56          {
57              Px =0.5+Ptheta;
58              logPx= log(Px/(1-Px));        // 转换为对数几率
59              Sonars_logs[Yimg][Ximg]=logPx;
60          }
61          else{                                   //  空闲区域
62              Px =0.5- P;
63              logPx= log(Px/(1-Px));        // 转换为对数几率
64              Sonars_logs[Yimg][Ximg]=logPx;
65          }
66      }
67
68      return 0;
69  }
```

第 23 行借助 openCV 的 ellipse() 函数画扇形。第 27 行借助 openCV 的 findNonZero() 函数找到所有的扇形像素点。第 28 行使用 for 循环进行遍历。第 47 ～ 51 行为正态分布。第 55 ～ 66 行为判断占用栅格和空闲栅格的赋值部分。使用 sqrt() 函数求平方根算法 和 pow() 函数求平方。

另外，openCV 的 exp() 函数是对浮点矩阵求指数，这个需要注意。

3. 激光雷达构建地图

这里使用一帧激光雷达的数据构建栅格地图。数组 float dis[] 和 float ang[] 分别保存激光雷达数据的距离和角度。然后通过 for 循环（第 01 行）将数据读取出来，并调用 LidarModelArray 函数，关键代码如下。

```
01      for(int i=0;i<360;i++){
02          float angle = ang[i];
03          float Fdis= dis[i];
04          if(Fdis<5000){
05              LidarModelArray(src,Xr,Yr,angle,Fdis,cellsize,scale);
06                  std::memcpy(Aimg.data,Sonars_logs,Map_Size*Map_
                    Size*sizeof(double));
07              Map_log_sonar=Map_log_sonar+Aimg;
08          }
09      }
```

在 LidarModelArray 函数内部将画椭圆的函数修改成适合激光雷达弧度的角度，测试大约为 1.2°，最终函数如下。

```
ellipse(mapgrid,Point(int(Xr),int(Yr)),Size(SonarDist,SonarDist),Rangle,
-0.6,0.6, Scalar(255),thicknesss);
```

最终的建图效果如图 8-11 所示。

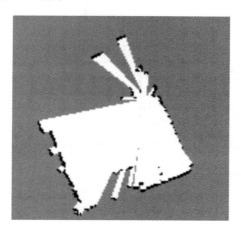

图 8-11　激光雷达栅格建图效果（有彩图）

该项目的工程文件可扫描图书封底的二维码下载。

4. 激光雷达构建地图和超声波构建地图比较

从价格上对比，低端激光雷达目前单价在 300 元以上，而单个的超声波模块仅 10 元左右。显然，激光雷达成本高昂。

从协议来看（获取数据的方式），激光雷达需要串口，并且需要符合激光雷达的协议才能读取数据。超声波雷达也需要较简单的协议获取数据，激光雷达的数据范围是 360°、距离 5m 左右。超声波雷达功率较大，仅 2 m 左右。

从建图效果来看，激光雷达一帧数据能覆盖半径 5 m 的环境，基本能构建一张可以避障使用的局部地图，超声波雷达尚不能。

如果使用局部地图开发避障算法，激光雷达应该是比较好的选择。同时也是构建全局地图的常用方式。超声波雷达可以不需要构建地图实现单一避障，却无法做到路径规划。

8.2.4　机器人全局整合规划

现在地图有了，那么如何根据地图规划路径呢？在机器人全局规划算法中，笔者推荐 A*（A star）算法。从起点开始，首先遍历起点周围邻近的点，共 8 个（米字型点），然后再遍历已经遍历过的点的邻近点，找到这些点中距离目标最近的点，并作为轨迹点，然后逐步向目标点的方向扩散，继续遍历，直到找到终点。这种算法就像流水从高处流向低处一样，如图 8-12 所示。

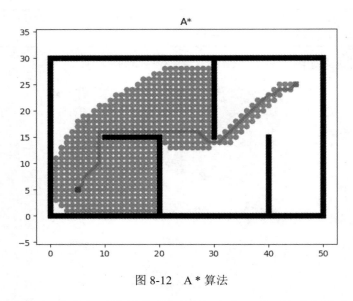

图 8-12　A＊算法

对于户外机器人行驶或者到达最终目标则是通过一系列的路径节点实现的，当机器人从 A 点到 B 点时，实际上是经过无数的中间节点实现的，利用这种思路将这些节点离散，并取出一些较典型的值作为特征值来区分节点特点，以实现机器人动作。如图 8-13 所示，笔者选取 4 个拐弯处的点作为目标节点。

图 8-13　手动规划

假如要实现 A-B-C-D 的路径，则依次在地图上右击计划行驶的轨迹点，在图 8-13 右侧的框中自动填写经纬度坐标，单击图中右侧的"下发启动"按钮，距离和方位角将会以 JSON 格式发送给机器人，机器人接收轨迹航点并保存。图 8-13 中的地图由百度提供。

```
JSON:
{
    "node": 5,
    "a-b": {
        "ang": 20,
        "dis": 100
    },
    "b-c": {
        "ang": 50,
        "dis": 120
    },
    "c-d": {
        "ang": 320,
        "dis": 110
    },
    "d-e": {
        "ang": 30,
        "dis": 23
    },
    "e-f": {
        "ang": 56,
        "dis": 160
    }
}
```

图 8-13 中共有 4 个节点 A、B、C、D，每个节点之间的距离都不一样，两个节点之间可以使用一次 A*算法规划路线。

8.2.5 A* 算法

A* 算法是非常经典的全局路径规划算法，该算法可以根据一张二维地图（可以理解成一张图片）计算从起点到终点的路径轨迹集合。如图 8-14 所示，从起点到终点，A* 算法可以完美地规划出一条合适的、可以避开静态障碍物的路径轨迹。

笔者推荐两个网页版学习链接，可扫描图书封底二维码下载。

算法可以总结为行动消耗和距离消耗的总和，其总和越小路径越佳。行动消耗可以理解成转弯的幅度大小，幅度越大损耗越大，幅度越小损耗越小。在如图 8-15（a）的九宫格栅格中，机器人位于九宫格中心，机器人到达颜色较深的四个角点要比机器人到达颜色较浅的四个点距离更远。

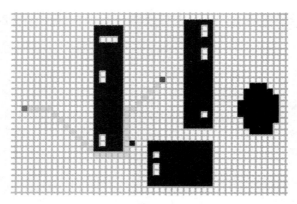

图 8-14　A* 算法示意（有彩图）

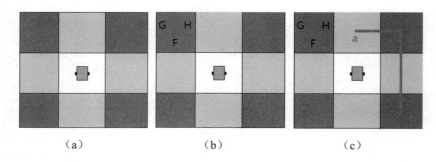

（a）　　　　　　　（b）　　　　　　　（c）

图 8-15　九宫格栅格

正上、正下、正左、正右的消耗成本要优于四个角上的点。

掌握 A* 算法其实就是掌握估值函数：　F = G + H。

● G 表示该点到起始点所需代价。

● H 表示该点到终点的曼哈顿距离 (边 - 边距离，如图 8-11（c）中 a-b 的距离)。

● F 就是 G 和 H 的总和，而最优路径就是选择最小的 F 值。

根据估值函数，假设边 - 边距离为 10，根据勾股定理，则到四个角点的距离为 14，这样可以计算出图 8-16 中的结果，最终得到红色轨迹。

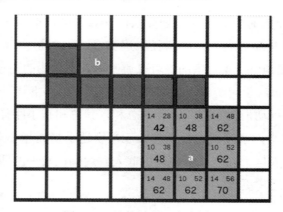

图 8-16　计算过程（有彩图）

下面讲解使用 OpenCV 进行程序开发的步骤。

（1）首先定义横向边 - 边、纵向边 - 边的格子的运动消耗为 10 个能量值，对角 -
对角单位运动消耗为 14 个能量值。

（2）定义一个开环集合 m_openVec，用于存储和搜索当前最小值的格子（代码中
第 31 行）。

（3）定义一个闭环集合 m_closeVec，用于标记已经处理过的格子，防止重复搜
索（代码中第 32 行）。

（4）开始搜索寻找路径。（代码中第 197 行）。

（5）将起点加入开环集合 m_openVec。

（6）从开环集合 m_openVec 中找出 F 值最小的点作为当前点。

（7）获取当前点九空格（除去本身）内所有的非障碍且不在闭环 closeVec 内的邻
居点。

（8）遍历上一步骤得到的邻居点的集合，每个邻居点执行以下判断：如果邻居点
在 m_openVec 中：

①计算当前点的 G 值与该邻居点的 G 值。

②如果 G 值比该邻居点的 G 值小，则将当前点设置为该邻居点的父节点，且更新
该邻居点的 G、F 值。

否则：

①计算并设置当前点与该邻居点的 G 值。

②计算并设置当前点与该邻居点的 H 值。

③计算并设置该邻居点的 F 值。

④将当前点设置为该邻居点的父节点 。

判断终点是否在 m_openVec 中，如果已在 m_openVec 中，则返回该点，其父节点
连起来的路径就是 A* 搜索的路径。如果不在，则重复执行步骤（2）、（3）、（4）、（5），
直到找到终点，或者 m_openVec 中节点数量为 0。

A* 算法的源文件 main.cpp 中的代码如下。

```
01    #include <iostream>
02    #include <stdlib.h>
03    #include <algorithm>
04    #include <time.h>
05    #include <unistd.h>
06    #include <sys/time.h>
07    #include <stack>
08    #include <opencv2/opencv.hpp>
```

```
09    using namespace std;
10    using namespace cv;
11    #define WIDTH  50
12    #define HEIGHT 50
13    class CPoint
14    {
15    public:
16        CPoint(int x,int y):X(x),Y(y),G(0),H(0),F(0),m_parentPoint(NULL){};
17        ~CPoint();
18        int X,Y,G,H,F;
19        CPoint* m_parentPoint;
20        void CalF(){
21            F=G+H;
22        };
23    };
24    class CAStar
25    {
26        private:
27        int m_array[WIDTH][HEIGHT];
28        static const int STEP =10;
29        static const int OBLIQUE =14;
30        typedef std::vector<CPoint*> POINTVEC;
31        POINTVEC m_openVec;
32        POINTVEC m_closeVec;
33        public:
34            CAStar(int array[WIDTH][HEIGHT])
35        {
36            for(int i=0;i<WIDTH;i++)
37                for(int j=0;j<HEIGHT;j++)
38                    m_array[i][j]=array[i][j];
39        }
40        // 在当前开环中获取所有的点，找到 F 值最小的点
41        CPoint* GetMinFPoint()
42    {
43            int idx=0,valueF=9999;
44            printf("1 m_openVec size : %d \n",m_openVec.size());
45            for(int i=0;i<m_openVec.size();i++)// 在开环中查找有几个坐标
46            {
47                    printf("2  m_openVec[i]->F  (%d,%d)  %d \n",m_
                    openVec[i]->X,m_openVec[i]->Y,m_openVec[i]->F);
48                    if(m_openVec[i]->F <valueF)
49                    {
50                            valueF=m_openVec[i]->F;
```

```
51                            idx=i;
52                        }
53                    }
54          printf("3 m_openVec selected idx: %d \n",idx);
55          return m_openVec[idx];
56      }
57    bool RemoveFromOpenVec(CPoint* point)
58    {
59            for(POINTVEC::iterator it =m_openVec.begin(); it !=m_
            openVec.end();++it)
60      {
61            if((*it)->X == point->X &&(*it)->Y == point->Y)
62        {
63                m_openVec.erase(it);
64                return true;
65          }
66      }
67        return false;
68    }
69    // 规定0代表可以到达
70    bool canReach(int x,int y)
71    {
72        if(0==m_array[x][y])
73            return true;
74        return false;
75    }
76    // 判断是否可以访问，来验证是否在障碍物中，或者在闭环中
77      bool IsAccessiblePoint(CPoint* point,int x,int y,bool
        isIgnoreCorner)
78    {
79        if(!canReach(x, y)||isInCloseVec(x, y))
80            return false;
81        else
82    {
83            // 可到达的点
84            if(abs(x - point->X)+ abs(y - point->Y)==1)// 左、右、上、
                                            // 下 4 个点
85                return true;
86            else
87        {
88                    if(canReach(abs(x -1), y)&&canReach(x, abs(y
                    -1)))                // 对角点
89                return true;
90              else
91                return isIgnoreCorner;// 墙的边角
```

```
92                    }
93                }
94            }
95        // 获取临近点，即当前点四周的 8 个点
96        // 判断是否可以访问，来验证是否在障碍物中
97        std::vector<CPoint*>GetAdjacentPoints(CPoint* point,bool
           isIgnoreCorner)
98    {
99        POINTVEC adjacentPoints;
100           printf("4 current center point : (%d,%d) \n",point->X,point->Y);
101        for(int x = point->X-1; x <= point->X+1; x++)
102            for(int y = point->Y-1; y <= point->Y+1;  y++)
103          {
104                   if(IsAccessiblePoint(point, x, y,isIgnoreCorner))
105              {
106                   CPoint* tmpPoint=new CPoint(x, y);
107                   adjacentPoints.push_back(tmpPoint);
108
109                 }
110              }
111        return adjacentPoints;
112    }
113    // 是否在开环中
114    bool isInOpenVec(int x,int y)
115    {
116            for(POINTVEC::iterator it =m_openVec.begin();  it !=m_
                openVec.end();  it++)
117        {
118            if((*it)->X == x &&(*it)->Y == y)
119                return true;
120        }
121        return false;
122    }
123    // 是否在闭环中
124    bool isInCloseVec(int x,int y)
125    {
126            for(POINTVEC::iterator it =m_closeVec.begin();  it !=m_
                closeVec.end();++it)
127        {
128            if((*it)->X == x &&(*it)->Y == y)
129                return true;
130        }
131        return false;
132    }
```

```
133          // 计算 G、H 的值，并加两者之和
134            void RefreshPoint(CPoint*tmpStart,CPoint*point,CPoint* end)
135        {
136                int valueG=CalcG(tmpStart, point);
137                int valueH=CalcH(end, point);
138                point->G =valueG;
139                point->H =valueH;
140                point->CalF();
141                printf("7 point  (%d,%d) finanlH:%d \n",point->X,point->Y,
                   valueG+valueH);
142                usleep(500);
143
144          }

145              // 计算临近的所有点的 F 值，并加入开环中
146              void NotFoundPoint(CPoint* tmpStart,CPoint*  end,CPoint*
                   point)
147        {
148                point->m_parentPoint=tmpStart;
149                point->G =CalcG(tmpStart, point);
150                point->G =CalcH(end, point);
151                point->CalF();
152                m_openVec.push_back(point);
153          }
154            int CalcG(CPoint* start,CPoint* point)
155        {
156                int G =(abs(point->X - start->X)+ abs(point->Y - start- >Y))
                   ==2?OBLIQUE : STEP ;
157                int parentG= point->m_parentPoint!=NULL? point->m_
                   parentPoint->G :0;
158                return G +parentG;
159          }
160          // 计算 H 的值
161            int CalcH(CPoint* end,CPoint* point)//distance
162        {
163                int step = abs(point->X - end->X)+ abs(point->Y - end->Y);
164                return (STEP * step);
165          }
166
167        // 搜索路径，路径上的每一个点都要经过开环判断拉入闭环的过程
168
169        // 从开环开始处理→获取 F 值最小的一个点→获取临近值→将临近值压入开环→寻找路径
170
171              CPoint* FindPath(CPoint* start,CPoint* end,bool
                   isIgnoreCorner)
```

```
172     {
173             m_openVec.push_back(start);           // 加入开环中
174             while(0!=m_openVec.size())
175         {
176             CPoint* tmpStart=GetMinFPoint();// 获取 F 值最小的点
177             RemoveFromOpenVec(tmpStart);          // 从开环中移除
178             m_closeVec.push_back(tmpStart); // 加入闭环
179             POINTVEC adjacentPoints=GetAdjacentPoints(tmpStart,isI
gnoreCorner);
180             printf("5 new adjacentPoints point push openvec : %d
\n",adjacentPoints.size());
181             for(POINTVEC::iterator it=adjacentPoints.begin(); it
!=adjacentPoints.end(); it++)
182         {
183             CPoint* point =*it;
184             if(isInOpenVec(point->X, point->Y))
                // 如果在开启列表说明已经判断过，就不再处理
185             {
186                     printf("6 point isInOpenVec (%d,%d)
\n",point->X, point->Y);
187                 }else// 将不在开环中的点找出并压入开环中，同时将 F 值最
                    // 小的点压入开环的父节点，父节点就是路径
188                     NotFoundPoint(tmpStart, end, point);
189             }
190             if(isInOpenVec(end->X, end->Y))// 目标点已经在开启列表中
191         {
192             for(int i=0;i<m_openVec.size();++i)
193         {
194                 if(end->X ==m_openVec[i]->X && end->Y ==m_
openVec[i]->Y)
195                 return m_openVec[i];
196             }
197         }
198     }
199         return end;
200     }
201 }
202 int main(int argc,char* argv[])
203 {
204     // 起始点定义
205     int start_point_x= WIDTH/2-18;
206     int start_point_y= HEIGHT/2+12;
207     // 目标点定义
208     int goal_point_x=22;
209     int goal_point_y=35;
```

```
210
211         int array_img[WIDTH][HEIGHT];
212         Mat src=imread(argv[1]);
213         Mat grayMaskSmallThresh;
214          if(src.empty())
215     {
216             if(!src.data){
217                  printf(" 读取图片文件错误～! 使用默认图片 \n");
218                  Mat img(WIDTH,WIDTH,CV_8UC3,Scalar(255,255,255));
219                  src=img;
220            }
221       }
222         // 图像灰度化
223         cvtColor(src,src, CV_BGR2GRAY);
224         // 图像阈值化，阈值尝试选择 230，反相：大于 230 则等于 0，否则等于 1
225         threshold(src,grayMaskSmallThresh,230,1, CV_THRESH_BINARY_INV);
226         // 获取 mat 的行和列
227         int row =src.rows;//320
228         int col =src.cols;
229         cout<<"  src.cols : "<<src.cols<<endl;//50
230         cout<<"  src.rows : "<<src.rows<<endl;//50
231         // 循环读取图形 mat 的值，并将 mat 对应值赋给二维数组对应值
232         for(int i=0;i< row;i++){
233             for(int j =0; j < col; j ++){
234             array_img[i][j]= grayMaskSmallThresh.at<uchar>(i, j);
235          }
236     }
237         // 定义 A* 算法的类
238         CAStar* pAStar=new CAStar(array_img);
239          if(array_img[start_point_x][start_point_y]||array_img[goal_
             point_x][goal_point_y])
240     {
241             cout<<"start point or goal point set error!!!"<<endl;
242             return 0;
243     }
244        // 定义起始、结束、开始搜寻路径
245        CPoint* start =newCPoint(start_point_x,start_point_y);
246        CPoint* end =newCPoint(goal_point_x,goal_point_y);
247        CPoint* point =pAStar->FindPath(start, end,false);
248        Rect rect;
249        Point left_up,right_bottom;
250        // 最终图像尺寸为 500×500
251        Mat img(500,500,CV_8UC3,Scalar(255,255,255));
252        std::cout<<" 最终的路径输出: "<<std::endl;
253        while(point !=NULL)
```

```
254    {
255            left_up.x= point->X*10;
               // 存储数组的列 (point->Y)，对应矩形的 x 轴，一个格大小为 50 像素
256            left_up.y= point->Y*10;
257            right_bottom.x= left_up.x+10;
258            right_bottom.y= left_up.y+10;
259            // 画矩形，路径黄颜色
260            rectangle(img,left_up,right_bottom,Scalar(0,255,255),
               CV_FILLED,8,0);
261                std::cout<<"("<< point->X <<","<< point->Y <<");"<<
                   std::endl;
262            point= point->m_parentPoint;
263    }
264        for(int i=0;i<WIDTH;i++)
265    {
266            for(int j=0;j<HEIGHT;j++)
267        {
268                left_up.x=i*10;// 存储数组的列 (j) 对应矩形的 x 轴
269                left_up.y= j*10;
270                right_bottom.x= left_up.x+10;
271                right_bottom.y= left_up.y+10;
272                if(array_img[i][j])
273            {
274                    rectangle(img,left_up,right_bottom,Scalar
                   (0,0,0),CV_FILLED,8,0);// 障碍物为黑色
275            }
276                else
277            {
278                    if(i==start_point_x&&j==start_point_y)
279                        rectangle(img,left_up,right_bottom,Scalar
                       (255,0,0),CV_FILLED,8,0);// 起始点为蓝色
280                    elseif(i==goal_point_x&&j==goal_point_y)
281                        rectangle(img,left_up,right_bottom,Scalar
                       (0,0,255),CV_FILLED,8,0);// 目标点为红色
282                    else
283                        rectangle(img,left_up,right_bottom,Scalar
                       (180,180,180),2,8,0);// 空闲区为灰色
284            }
285        }
286    }
287        // 窗口中显示图像
288        imshow("astar",img);
289        waitKey(0);
290        imwrite("astar.jpg",img);
291        return 0;
292    }
```

源码使用 50×50 的图片，通过指令部分执行打印：

```
./astarcv astar.png
```

在下面的打印信息中可看到 src 图像的尺寸为 50×50，最初的开环集合为 1，接着开始添加周围的点，最后输出最终的输出路径。

```
src.cols : 50
src.rows : 50
1 m_openVecsize : 1
2 m_openVec[i]->F (7,37) 0
3 m_openVec selected idx: 0
4 current center point : (7,37)
5 new adjacentPoints point push openvec : 8
................
最终的路径输出：
(22,35);
(21,35);
(20,35);
(19,35);
(18,35);
(17,35);
(16,35);
(15,35);
(14,35);
(13,35);
(12,35);
(11,35);
(10,35);
(9,35);
(8,36);
(7,37);
```

其效果如图 8-17 所示。

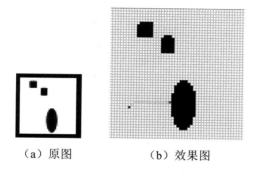

（a）原图　　　　　（b）效果图

图 8-17　原图与效果对比（有彩图）

该项目的工程文件可扫描图书封底二维码进行下载。

8.3 机器人局部决策

事实上，局部路径规划伴随着局部决策。局部行驶是根据障碍物构成的环境来决定行驶的方向和速度。局部决策在原理上可以认为是避障的决策过程，当没有障碍物时就跳过避障算法直接行驶，如果存在障碍物则需要决策。避障的过程一般分为环境创建、方向诊断、运动执行 3 个步骤。环境创建可以借助 8.1 节的栅格地图完成，方向诊断可以借助 DWA 算法或者 VFH 算法完成。

8.3.1 DWA 算法

通常，移动机器人都有一套用于运动的局部导航算法，在局部路径规划中有以 3 种常用方法。

（1）基于势场，其中每个障碍物都具有排斥机器人的 "场"，而目标具有吸引力的 "场"，类似的算法有 VFF（Virtual Force Field）、VFH（Vector Field Histogram）算法。

（2）基于动力推测算法，在计算解决方案时会考虑机器人动力学，如一定范围内速度动态窗口算法 DWA。

（3）基于采样，对各种无冲突状态进行采样，然后进行组合，如可达性图、概率路线图。

本节重点讲解动态窗口算法。DWA 算法同样遵循 "避障需有图" 的原则，通过传感器扫描构建栅格地图。DWA 算法是一种基于速度（线速度和角速度）的局部规划器，可以生成机器人躲避障碍物时最佳的、无碰撞的角速度、线速度。也可以理解为在笛卡儿坐标系中为到达下一个坐标，转换为控制移动机器人的速度（v,w）命令的算法。具体来讲，动态窗口指的是对线速度、角速度采样，得到最大、最小值，然后根据线速度和角速度的排列组合，形成一定范围内的类似窗口的算法。例如，直行线速度的可取值为 [0.1，0.2，0.3]，单位为 m/s，角速度的可取值为 [-0.1，0.0，0.1]，单位为 rad/s，经过排列组合则有 9 种可能，代表着 9 种轨迹。这就是所谓的动态窗口。

在 DWA 算法中，最终通过评价函数，在 9 种轨迹中选择一种最合适的路径，该路径的线速度、角速度则是输出底盘的最终结果，如图 8-18 所示。

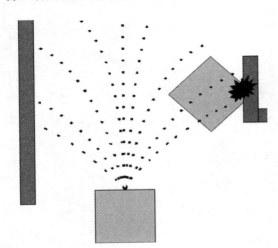

图 8-18　DWA 算法示意图

笔者 DIY 的双轮差速驱动机器人，其前向最大速度 V_{max}=0.5 m/s，最小速度 V_{min}=0.0 m/s，分辨率为 0.1 m/s；右转角速度 W_{right}=0.2 rad/s，左转角速度为 W_{left}=0.2 rad/s，分辨率为 0.1 rad/s，预测周期 T=500 ms。

（1）条件。

● 线速度取值 m=5。

● 角速度取值 n= 5。

● 预测周期 T=500。

（2）构造 DWA 预测轨迹。

以上 3 个条件构造三层循环（条件 2 也可设置为恒定速度，减少计算量和轨迹数目），预测 T 时间内在角速度、线速度组合下的运动轨迹，每条轨迹单独存储，存储轨迹上每个点的位姿，可计算出 m×n 条预测轨迹，如图 8-19 所示。

图 8-19 轨迹示意图

（3）碰撞检测。

对每条轨迹做障碍物的碰撞检测，若轨迹上有一个点会发生碰撞，当前轨迹废弃，依此类推，保存无碰撞轨迹。

（4）构造评价函数。

剩余的无碰撞轨迹，根据目标点位置和航向，构造评价函数，常用评价指标有航向差异大小、速度大小等。

关键源码（部分）如下。

```
01    int traj_cnt=0;
02    for(float v=dw.min_v_; v<=dw.max_v_; v+=config.v_reso){
03            printf("v=%.1f,w scale:%.1f,%.1f \n",v,dw.min_w_,dw.
              max_w_);
04            for(float w=dw.min_w_; w<=dw.max_w_; w+=config.yawrate_reso){
05            Trajtraj=calc_trajectory(x, v, w, config);
06            float to_goal_cost=calc_to_goal_cost(traj, goal, config);
07              float speed_cost=config.speed_cost_gain*(config.max_speed-
                  traj.back().v_);
08            float ob_cost=calc_obstacle_cost(traj,ob, config);
09            float dis_cost=calc_to_goalDist_cost(traj, goal, config);
10            // 增加比重
11              // 航向得分的比重、速度得分的比重、障碍物距离得分的比重，可根据场
                  // 景增加比重，如更看重速度和时效
12            float final_cost=to_goal_cost+speed_cost+ob_cost+dis_cost;
13            printf("ob_cost:%.3f,goalcost:%.1f,dis_cost:%.1f,speed_
              cost:%.1f\n",ob_cost,to_goal_cost,dis_cost,speed_cost);
14            printf("finanl cost:%.3f \n",final_cost);
15              if(min_cost>final_cost){
```

```
16                      min_cost=final_cost;
17                      min_u=Control{v, w};
18                      best_traj=traj;
19              }
20          traj_cnt++;
21      }
22  }
```

源码中第 02 行和第 04 行使用 for 循环，分别对线速度和角速度进行累加取值，取值的最小递进值为各自的分辨率，该值可以在配置文件中定义，每一个路径点求出损失函数的总和。

在 DWA 算法中，时间复杂度基本由线速度 × 角速度决定，所以线速度、角速度和递增分辨率的加大可以提高算法速度（分辨率加大计算次数变小）。预测时间和单步执行时间减少也可以提高计算速度。

另外，单步执行时间和底盘执行时间应该保持一致，否则会出错。

在不使用 ROS 的 navigation class 的前提下，自行开发或移植 DWA 算法时，需要注意单步执行时间和底盘通信的严格时间帧控制。

注意，程序中将航向得分、速度得分、障碍物距离得分，目标距离得分都归一化，也就是小于 1 的数，这样累加求和比较容易。

最后结合 OpenCV，运行效果如图 8-20 所示。

图 8-20　实际运行轨迹

注意，DWA 的线速度和角速度有一个动态范围，目前经过尝试，角速度 w 在 $-0.2 \sim +0.2$ 比较好找到路径，动态范围如果一直为正，代表只能往左转，为负时只能往右转，两者都不可取。

DWA_BASE_CONTROL 的工程源码可扫描图书封底的二维码下载。

初始状态下，线速度只能取值 0.0 m/s 和 0.1 m/s，角速度可取值 -0.2、-0.1、0.0、0.1、0.2 rad/s，一共 10 次路径计算，打印 log 如下，第 2 行代表 v 和 w 当前的范围。××_cost 代表损耗值：

```
01  sudo./DWA_control
02  v=-0.0,w scale:-0.2,0.2
03  ob cost:2.000,goalcost:0.3,dis_cost:0.8,speed_cost:0.5
04  finanl cost:3.643
05  ob cost:2.000,goalcost:0.3,dis_cost
```

下面对 DWA 算法的测试进行改进，假设 DWA 算法从获得地图到计算出最佳路径和 (v,w) 的决策时间为 t，底盘接收到运动指令后仅有 1 s 的执行时间，时间到便停止运动，这样设计的好处是可以让机器人失去主控系统的控制后仍然不会迷失方向，到处乱跑。但是为了保证机器人运动的连续性，算法必须在 1 s 内完成。

DWA 算法计算结束后向底盘发送控制指令 u（v，w），此时底盘开始执行动作。执行到 t_1 时刻后，从底盘采样线速度 v 和角速度 w，此时开始新一轮的 DWA 算法决策时间，在运动执行完毕之前必须要计算出最佳路径和 v、w，否则会导致电动机卡顿，电动机损耗过大会减少寿命。

假设在下发指令后的 t_1 时间处进行采样，获得 v、w，就必须保证算法在指令结束前能计算出结果，并下发给底盘。下发指令给底盘后，PID 调节速度达到稳定需要一定的时间，所以不能立即采集。100 ms 后，底盘速度达到稳定，可以采集 v、w，如图 8-21 所示。

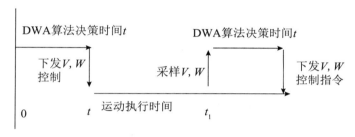

图 8-21　过程图

DWA 算法不能太早计算出结果，否则结果会不真实，最好在运动即将结束时完成，以衔接运动结果。

算法之间的延迟时间为 t_1-t，上文说运动执行时间为 1 s。那么延迟时间需要按照如下方式计算：

$$t_1-t = 1000-t$$

算法延时的时间为 usleep(1000$-t$)×1000)，单位为 μs。

8.3.2　VFH 避障算法

VFH（Vector Field Histogra，向量场直方图）是 Borenstein-Koren 在 1991 年为解决机器人实时避障提出的方法。Iwan Ulrich 和 Johann Borenstein 在 1998 年提出 VFH+，VFH+ 在 VFH 算法的基础上加以改进，使机器人避障轨迹更为平滑。VFH+ 减少了一些参数，同时增加了机器人本身的宽度。该算法是局部路径规划算法，本节将继续以"避障需有图"的规则，以 VFH 到 VFH+ 为切入点，由浅入深进行讲解。

VFH 算法与 DWA 算法不同的是，注重 0°～360° 的角度的决策，相同的是同样需要有栅格地图的建立，然后由栅格地图转换成以角度为轴的极坐标地图。

在 VFH、VFH+ 算法中需要了解以下相关概念。

- 障碍物确定值（Certainty Value，CV）：通过测距传感器可以得到，然后映射到对应栅格的值，该值越大表示障碍物存在概率越大。
- 极坐标直方图：将圆形按单位角度划分为若干扇区，每个扇区代表不同值。如图 8-22 代表 360° 的极坐标图，划分为角度为 30° 的单位扇区，每两个扇区为一个 bin，共 6 个 bin（直方图中的 bin 是个特殊的关键词，直译为容器箱子，比较难理解，笔者一般称为直方图柱条）。

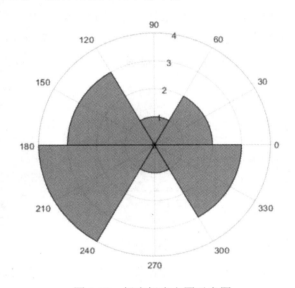

图 8-22　极坐标直方图示意图

同样，在 VFH 算法中也用到了极坐标直方图。机器人 360° 扫描的结果，通过栅格地图算法得到每个扇区方位的 CV 总和，最后映射到极坐标直方图中。

为了说明机器人位置变化和传感器读数的关系，假设极坐标直方图以 30 ms 的采样间隔重建。VFH 算法要求先构建一个激活运动窗口（Activate Windows），该窗口随着机器人的移动而移动，其整体的步骤流程可以参考图 8-23。

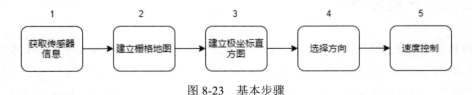

图 8-23　基本步骤

构建一个简单的场景，机器人有 4 个轮子，机器人右前方有个 0.5 m×0.2 m×1 m 的书柜，距离机器人 0.6 m 左右，机器人距离正前方的墙 1.5 m，机器人朝向 180° 的方向行驶。机器人的扫描测距传感器扫描范围为 1 m，如图 8-24 所示。

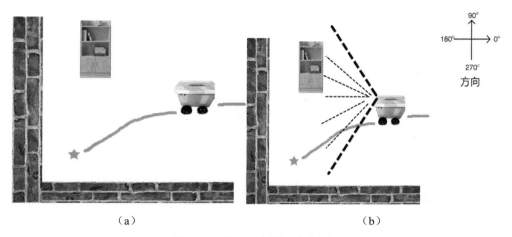

图 8-24　场景示意图（有彩图）

　　根据传感器扫描范围，构建 30×30 的活动窗口，并将扫描到的障碍物定位到栅格地图中，如图 8-25 所示，图 8-25 所示的虚线仅是扫描的示意，不代表扫描角度或扇区。

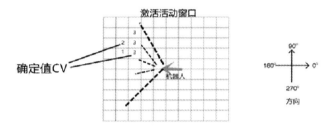

图 8-25　活动窗口栅格地图

　　通过传感器捕获可以计算出书柜在所有占据的栅格中的 CV 值。然后根据栅格 CV 值建立 0°～360°的极坐标直方图。在如图 8-26 所示的极坐标直方图中，将极坐标轴分成 16 份，每份 22.5°，将栅格对应的角度划分到每个扇区中，计算出扇区中所有的栅格对应 CV 值的总和，分别是 6 和 5。VFH 算法中，定义一个阈值 THRESH_HOLD。例如，当 THRESH_HOLD=3 时，两个扇区 BIN 值都大于 3，这样机器人在 0°～360°的方向中，第 6 份和第 7 份扇区满足，即 112.5°～157.5°的方向是不通的（22.5×（6-1）=112.5），所以不能取，如图 8-26 中箭头指向的部分。通常有多个候选方向，VFH 算法选择与目标方向最匹配的一个。

　　在 VFH+ 算法中，机器人被处理成一个质点对待，那么计算时，对所有的栅格需要进行膨胀处理，机器人宽度 r_r 向外膨胀一个安全距离 d_s。我们就可以得到所有栅格膨胀的最终外轮廓为 $r_{r+s} = r_r + d_s$，同样障碍物所在栅格也会膨胀该距离，如图 8-27 所示。

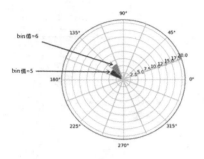

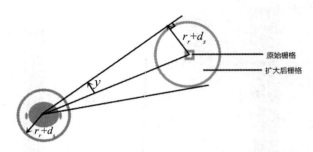

图 8-26　极坐标直方图　　　　　　图 8-27　栅格膨胀——质点对待

在 VFH+ 算法中，提出了双阈值滞后系统。双阈值滞后原理如下。

（1）若某位置的幅值超过阈值上限，则该位置被保留。

（2）若某位置的幅值低于阈值下限，则该位置被去除。

（3）若某位置的幅值处于阈值上限、下限之间，则该位置仅仅在可以连接到一个高于阈值上限像素时被保留。

在 VFH+ 算法中，同样定义了两个阈值，上限值 T_{high} 和下限值 T_{low}，当扇区的所有 CV 值总和 $H^p_{k,j}$ 大于 T_{high} 时，则认为该扇区阻碍通行，标记为 blocked，其数值为 1；当扇区的所有 CV 值总和 $H^p_{k,j}$ 小于 T_{low} 时，则认为该扇区可以通行，标记为 free，其数值为 0，这便是将结果二值化。介于 T_{high} 和 T_{low} 之间的则与上一次该扇区的二值结果相同。

$$H^b_{k,j} = 1, \ H^p_{k,j} > T_{high}$$
$$H^b_{k,j} = 0, \ H^p_{k,j} > T_{low} \qquad (8\text{-}3)$$
$$H^b_{k,j} = H^b_{kj-}, \ 其他$$

在 VFH+ 算法中，对机器人前进的方向做了规定和限制，如图 8-28 所示，与 DWA 算法类似，左、右有范围限制。VFH+ 算法的方向选择受限于机器人与障碍物的距离。

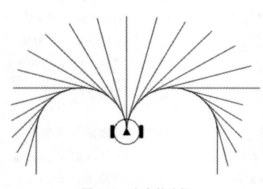

图 8-28　方向的选择

前方有障碍物存在时，VFH+ 算法是如何做出判断，避开障碍物呢？首先，如果机器人选择的是阿克曼结构，就会存在左转弯和右转弯的极限值（这两个极限值的转弯半径一样），转弯极限半径为 R，小的正方形为栅格障碍物 A 和障碍物 B，膨胀后为灰色圆形区域，膨胀半径为 r_{r+s}，障碍物 A 到向左极限转弯的圆心 O_1 的距离为 D_a，可见 $D_a < R+r_{r+s}$，当满足此类条件时，那么必将撞到障碍物，所以应该调整方向，如图 8-29 所示。

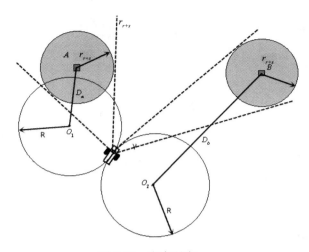

图 8-29 方向限定

在 VFH+ 算法中，当没有障碍物时，如何确定最优方向呢？ VFH+ 算法将目标方向、当前方向、前一时刻方向同时考虑，采用如下的代价函数得到最佳的前进方向。

$$g(c) = \mu_1 \cdot \Delta(c, k_t) + \mu_2 \cdot \Delta\left(c, \frac{\theta_i}{\alpha}\right) + \mu_3 \cdot \Delta(c, k_{n, i-1}) \qquad (8-4)$$

式（8-4）中，μ_1，μ_2，μ_3 为常数，C 为生成的前进方向，K 为目标方向，θ 为前进方向，$\Delta(c, k_t)$ 是生成的前进方向和目标方向的差值；$\Delta\left(c, \frac{\theta_i}{\alpha}\right)$ 是生成的前进方向和当前前进方向的差值；$\Delta(c, k_{n, i-1})$ 是生成的前进方向和前一时刻前进方向的差值，满足 $\mu_1 > \mu_2 + \mu_3$ 时，路径轨迹比较平滑。

关于 VFH 的算法进化，感兴趣的读者可以根据图 8-30 所示的方向研究学习。

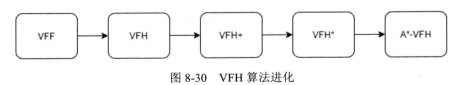

图 8-30 VFH 算法进化

8.4 本章总结

本章以路径规划引出全局路径规划和局部路径规划，又在路径规划的基础上提出"避障需有图"的原则。接着介绍地图构建的方法和理论，通过实验验证理论。最后讲述两种避障算法，并对避障过程中的问题进行优化和改进。

第 9 章　轮式机器人路径的定位和导航

第 8 章讲解了机器人的全局路径规划，在全局路径规划中会生成一个可靠的路径轨迹。但是机器人如果要想达到目标点，最好的方法是跟随轨迹中的航点，一步一个脚印地跟随移动，到达目标，这就是路径导航。本章介绍机器人路径导航的相关知识。在不同的领域会有不同的路径导航规则，本章主要讲解一些常用的路径导航算法。

9.1　轮式机器人路径跟随

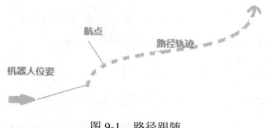

图 9-1　路径跟随

路径跟随也叫轨迹跟踪，是机器人根据全局路径规划算法（例如 A* 算法）规划出来的轨迹，然后进行跟随，如图 9-1 所示。机器人的实践操作并不像仿真那样轻松，但将程序下载到机器人后实际运行时，可能会出现南辕北辙的情况。很多问题是由传感器的精度、误差、时间差所导致。要想把实体机器人调试得非常完美，不仅需要有优质的传感器，算法也需要不断优化，参数也要反复调试。但是，千万不可操之过急，任何问题的出现都是存在原因的，找到原因并积极解决才是常胜之法。

图 9-1 所示的路径跟随算法因机器人驱动方式的不同而不同，所以选择合适的跟随算法很关键。

9.1.1　MovePose 和 PID 整定

MovePose 是一个开源的跟随算法，中文为"移动到位姿"。该算法在仿真情况下表现很优异，本节将以该算法为例讲述跟随算法。

MovePose 依据运动学模型，建立从起点到下一个点位姿变化控制线速度、角速度的过程。Pose 包含笛卡儿坐标系中坐标位置和机器人的航向角，用 $Pose(x, y, \theta)$ 表示，其中 θ 是和 x 轴的夹角。可以用 $pose1(x_1, y_1, \theta_1) \rightarrow pose2(x_2, y_2, \theta_2)$ 表示移动过程。

如图 9-2 所示，机器人从 $s(x, y)$ 行至目标点 $g(x, y)$，距离差 $d = g(x, y) - s(x, y)$，可以根据勾股定理求出两点之间的直线距离，然后移动该距离。角度变化有两个，机器人当前角度为 $0°$，需要将角度先变为 α，再从 α 变为 β，至此完成位姿变化。

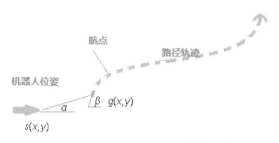

图 9-2 MovePose 算法示意

步骤分为 3 步：①旋转 α 角度；②移动距离 d；③旋转 β 角度。

以上 3 步必须按顺序执行。假设机器人匀速运动，那么角速度的计算至关重要。指定先后顺序的权重也很重要。显然旋转 α 角度的权重要比旋转 β 角度的权重大，这样才能避免过早旋转到 β，发生远离目标的错误。同时，可将两点的距离作为依赖条件，距离小，影响结果变小。角速度输出假设为以下评估函数：

角速度 $w = w_1 \times \alpha \times d + w_2 \times \beta$；

上式中，w_1、w_2 为权重系数，$w_1 > w_2$。当 d 越来越小时，第一项的影响会越来越小。其关键源码如下，可扫描图书封底二维码下载。

```
01    def move_to_pose(x_start,y_start,theta_start,x_goal,y_goal,theta_
      goal):
02        """
03        rho 为机器人和目标之间的距离
04        alpha 为目标相对于本身的方向方位角
05        beta 为最终角度和方位角的差
06
07        Kp_beta*beta，旋转角度 = 角度差 ×kp-beta
08        """
09        x=x_start
10        y=y_start
11        theta=theta_start
12
13        x_diff=x_goal- x
14        y_diff=y_goal- y
15
16        x_traj,y_traj=[],[]
17
18        rho =np.hypot(x_diff,y_diff)
```

```
19        dis = rho
20        goal_errorr=theta_goal- theta
21        # 满足到达目标的最小距离和角度最小值
22        while rho >limit_disorabs(goal_errorr)*180/3.14>limit_ang:
23            x_traj.append(x)
24            y_traj.append(y)
25
26            x_diff=x_goal- x
27            y_diff=y_goal- y
28            # 角度差
29            # 范围为 [-pi, pi]
30            #0 ～ 2*pi
31            # 求两点距离
32            rho =np.hypot(x_diff,y_diff)
33            # 求两点角度
34            gama=np.arctan2(y_diff,x_diff)
35            alpha=gama- theta
36            # 角度归一化
37            if(alpha <-np.pi):
38                alpha= alpha +2*np.pi
39            elif(alpha >np.pi):
40                alpha= alpha -2*np.pi
41
42            beta=theta_goal-gama
43            goal_errorr=theta_goal- theta
44            if(beta <-np.pi):
45                beta= beta +2*np.pi
46            elif(beta >np.pi):
47                beta= beta -2*np.pi
48
49            if rho > dis/2:
50                v =Kp_rho* rho
51
52            # 匀速行驶
53            v =0.50
54            if(rho <limit_dis):
55                v =0
56            #权重先后算法
57            w =Kp_alpha* alpha* rho +Kp_beta* beta
58
59            print("dis,v,w,theta,oritation,goal")
60            print(rho,v,w,theta*180/3.14,gama*180/3.14,theta_
                  goal*180/3.14)
61            theta= theta + w * dt
62            if(theta <-np.pi):
```

```
63                    theta= theta +2*np.pi
64            elif(theta >np.pi):
65                    theta= theta -2*np.pi
66            x = x + v *np.cos(theta)* dt
67            y = y + v *np.sin(theta)* dt
68
69            if show_animation:# pragma: no cover
70                plt.cla()
71                plt.arrow(x_start,y_start,np.cos(theta_start),
72                        np.sin(theta_start), color='r', width=0.1)
73                plt.arrow(x_goal,y_goal,np.cos(theta_goal),
74                        np.sin(theta_goal), color='g', width=0.1)
75                plot_vehicle(x, y, theta,x_traj,y_traj)
76
```

运行结果如图9-3所示。

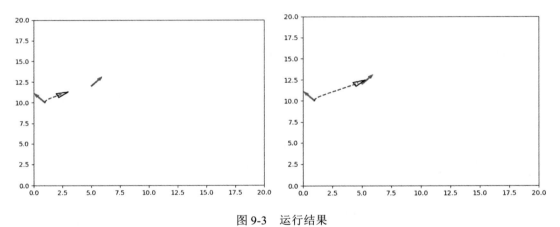

图9-3 运行结果

Ubuntu下运行的日志（log）信息如下：

```
01   lid@lid-VirtualBox:~/share/gpsmap/openCRobotics/move2pose$
02   python3 movetopose.py
03   Initial x: 1.00 m
04   Initial y: 10.00 m
05   Initial theta: 2.27 rad
06   Goal x: 5.00 m
07   Goal y: 12.00 m
08   Goal theta: 0.87 rad
09   dis,v,w,theta,oritation,goal
10    4.47213595499958 0.5 -2.764257381250159 130.06210191082803
     26.578525356734108 50.02388535031847
11   dis,v,w,theta,oritation,goal
12    4.389835316801007 0.5 -1.4773632576582352 82.52391764729025
     24.955993510071796 50.02388535031847
```

从日志中可以看出，第 3、4 行为初始位置，第 6、7 行为目标位置，还包括距离、线速度、角速度信息。

其实，上面的思想源于期望值、目标值、当前值。在机器人运动学上，例如速度的计算，期望速度根据两点的距离坐标得到，期望速度和当前速度的差为实际速度输出值，如图 9-4 所示。

> 期望：（目标位置-自身位置）* 换算常数
> 实际值：（期望值-当前值）*权重

图 9-4　转换思想

PID 和 MovePose 算法的权重的不同之处在于将权重换成比例。例如，起点到目标点的距离 $d=g(x, y)-s(x, y)$，可根据距离不断变化的差值乘以速度比例常数（该常数可以认为是 PID 中的 P，也可以认为是权重），这样得到线速度 v 随着距离减小而减小，公式如下：

$$v=D(g(x, y)-s(x, y)) * K_p$$

其中，$D(g(x, y)-s(x, y))$ 是距离 d 的函数，v 为线速度，K_p 为比例值，假设 K_p 为 2，"+"代表前进，"−"代表后退。

同理，角速度 w 的输出依赖角度的变化差值。如图 9-2 所示，起始角度为 $\theta=0°$，行驶至目标角度则需要转动 α，角度差 $\sigma=\alpha-\theta$，那么输出的角速度为

$$w=(\alpha-\theta) * K_p$$

其中，w 为角速度，K_p 为角速度比例值，假设 K_p 为 +0.2，"+"代表向左转，"-"代表向右转。

上述仅是 PID 算法中的比例 P 法，实际中，可能会加入阻尼 D 或者积分 I 等。

线速度依赖距离的变化，角速度依赖角度的变化。

9.1.2　PurePuresuit 跟随算法

PurePuresuit 称为纯粹的跟随算法，算法目标非常明确。该算法利用几何学知识（三角函数）等，根据航点至机器人当前点的位置，推理出合适的线速度 v 和角速度 w。

以差速驱动机器人为例，在 PurePuresuit 算法中，可将机器人视为一个质点对待。图 9-2 修改后的示意图如图 9-5 所示。

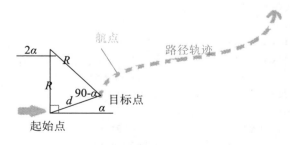

图 9-5　PurePuresuit 跟随算法示意图

根据三角函数正弦定理，起始点到第一个目标航点的距离为 d，则满足：

$$\frac{R}{\sin(90-\alpha)} = \frac{d}{\sin(2\alpha)}$$

$$R = \frac{d}{2\sin(\alpha)}$$

又因为

$$R = \frac{v}{w}$$

得到

$$\frac{v}{w} = \frac{d}{2\sin(\alpha)}$$

上式中的距离 d 和方位角 α 皆为已知量，假设机器人匀速前进，$v=0.2$，则角速度 w 的计算参见下面代码中的第 36 ～ 40 行。

```
01    def pp_control(x_start,y_start,theta_start,x_goal,y_goal):
02        """
03        d 为机器人和目标之间的距离
04        alpha 为目标相对于机器人本身的方向方位角
05        beta 为最终角度和方位角的差
06        """
07        x =x_start
08        y =y_start
09        theta =theta_start
10        x_diff=x_goal- x
11        y_diff=y_goal- y
12        x_traj,y_traj=[],[]
13        d =np.hypot(x_diff,y_diff)
14        dis = d
15
16        # 满足到达目标的最小距离和角度最小值
17        while dis >limit_dis:
18            x_traj.append(x)
19            y_traj.append(y)
20            x_diff=x_goal- x
21            y_diff=y_goal- y
22            # 角度差
23            # 范围为 [-pi, pi]
24            #0 ～ 2*pi
25            # 求两点距离
26            dis =np.hypot(x_diff,y_diff)
27            # 求两点角度
28            gama=np.arctan2(y_diff,x_diff)
29            alpha=gama- theta
```

```
30              # 角度归一化
31              if(alpha <-np.pi):
32                  alpha= alpha +2*np.pi
33              elif(alpha >np.pi):
34                  alpha= alpha -2*np.pi
35              # 使用匀速行驶
36              v =0.50
37              if(dis <limit_dis):
38                  v =0
39              # 根据匀速计算角速度 w
40              w =2*v*math.sin(alpha)/dis
41              print("dis,v,w,theta,oritation,goal")
42              print(dis,v,w,theta*180/3.14,gama*180/3.14)
43              theta= theta + w * dt
44              if(theta <-np.pi):
45                  theta= theta +2*np.pi
46              elif(theta >np.pi):
47                  theta= theta -2*np.pi
48              x = x + v *np.cos(theta)* dt
49              y = y + v *np.sin(theta)* dt
50
51              if show_animation:# pragma: no cover
52                  plt.cla()
53                  plt.arrow(x_start,y_start,np.cos(theta_start),
54                      np.sin(theta_start), color='r', width=0.1)
55                  plt.arrow(x_goal,y_goal,np.cos(20*3.1415/180),
56                      np.sin(20*3.1415/180), color='g', width=0.1)
57                  plot_vehicle(x, y, theta,x_traj,y_traj)
58
```

Ubuntu 下运行结果如图 9-6 所示。

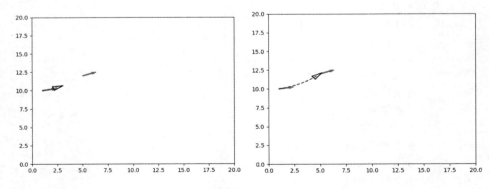

图 9-6   PurePuresuit 仿真效果示意图

该项目的工程文件可扫描图书封底的二维码下载。

9.1.3 路径跟随与测试

有了前两节的理论基础，接下来就可以在机器人上进行测试。本节将结合 OpenCV 库将轨迹跟随重现在图纸上。同时，分别测试只有 IMU 或者仅有里程计在跟随路径中的作用和表现。

图 9-7 使用 OpenCV 规划的路径

在 pathFollow_Imu 的 工程目录中，手动规划一个闭合的轨迹，如图 9-7 所示，将一系列航点保存在 square.csv 中，航点之间的距离为 50 cm，每个像素代表 1 cm。程序中首先将航点通过 readTraj() 函数读出，并缓存到 vector 类型的 traj_pose 变量中，然后根据当前位姿和目标点位姿之间的距离、方位角计算线速度和角速度。

路径跟随文件 move2point.cpp 的部分源码如下。

```
01    Pose move2pose(Mat m,float x_start,float y_start,float theta_start,
      float x_goal,float y_goal,float theta_goal)
02{
03    float x =x_start;
04    float y =y_start;
05    float theta =theta_start;
06        Pose tmp_pose;
07    tmp_pose.x=x_start;
08    tmp_pose.y=y_start;
09    tmp_pose.yaw=theta_start*180/3.14;
10
11    float x_diff=x_goal- x;
12    float y_diff=y_goal- y;
13    vector<int>x_traj;
14    vector<int>y_traj;
15    vector<Pose>xy_traj;
16    float dealtx= pow(x_diff,2);
17    float dealty= pow(y_diff,2);
18    float rho =sqrt(dealtx+dealty);
19    float dis = rho;
20    static int cnt=0;
21    // 如果位置一样，但航向角存在差别，返回 -1
22    if(dis  ==0){
23    printf("Goal POint has arrived \n");
24    return tmp_pose;
25    }
26    unsigned long lastMillis=get_micros();
27    // 条件为 0.1，单位为 m
28    while(rho >10)
```

```
29    {
30    if(get_micros()-tinestamp_dead>600000UL)
31    continue;
32    x_traj.push_back(x);
33    y_traj.push_back(y);
34    xy_traj.push_back(tmp_pose);
35    x_diff=x_goal-x ;
36    y_diff=y_goal- y;
37    rho= sqrt(pow(x_diff,2)+ pow(y_diff,2));
38    // 得到航向角和方位角之差
39    float orintation= atan2((double)y_diff,(double)x_diff);
40    printf(">>>>>>>> robot status<<<<<<<<<<<<<<< \n");
41    printf("  Now Pose: \n");
42    printf("     x:%1f \n",x);
43    printf("     y:%1f \n",y);
44    printf("     theta:%1f \n",theta*180/3.14);
45    printf("  Goal Pose: \n");
46    printf("     x:%1f \n",x_goal);
47    printf("     y:%1f \n",y_goal);
48    float alpha =(orintation-theta );
49    if(alpha <-M_PI)
50              alpha = alpha +2* M_PI ;
51    elseif(alpha > M_PI)
52              alpha = alpha -2* M_PI ;
53
54
55    v =0.2;//Kp_rho * rho;
56    printf("Kinectic status: \n");
57    printf("     Distance:%1f\n",rho);
58    printf("     Goal orintation:%.1f \n",orintation*180/M_PI);
59    printf("     alpha:%1f \n",alpha*180/3.14);
60    printf("     IMUDevice Heading:%f\n",-heading);
61    printf("     courseHeading:%f\n",-courseHeading);
62
63    int Xrnext=position_x;
64    int Yrnext=position_y;
65    float ww=Incremental_PI(theta,orintation);
66
67    if(ww<-1.0)
68       ww=-minwa;
69    if(ww>1)
70       ww=minwa;
71
72    v = v*speedMult[(int)(abs(alpha*180/M_PI)/22.5f)];
73    printf("Control: \n");
```

```
74   printf("    v:%1f \n",v);
75   printf("    w:%1f \n",ww);
76
77   cmd_send2(v,ww);
78   // 下面的参数在实际机器人中用车体的数据代替
79   deta=(float)(get_micros()-lastMillis)/1000000;
80   lastMillis=get_micros();
81   theta +=angspeed*deta;
82   x +=velspeed*  cos(theta)*deta*100;//x 轴上的位置
83   y +=velspeed*  sin(theta)*deta*100;//y 轴上的位置
84   printf("odommoveing: \n");
85   printf("    deta:%1f \n",deta);
86   printf("    velspeed:%1f \n",velspeed);
87   printf("    angspeed:%1f \n",angspeed);
88   paint_odom_path(m,x,500-y,cnt);
89   cnt++;
90   if(cnt>=30){
91       imwrite("Map_traj.png",m);
92       cnt=1;
93   }
94   tmp_pose.x= x;
95   tmp_pose.y= y;
96   tmp_pose.yaw= theta*180/3.14;
97   usleep(100000);
98   }
99   tmp_pose.x= x;
100  tmp_pose.y= y;
101  tmp_pose.yaw= theta*180/3.14;
102  returnt mp_pose;
103 }
```

程序中第 1 行 move2pose() 是一种方法，将目标方向角和机器人的航向角相减求出角度差，然后根据角度的接近情况得出速度。在 movezpoint.cpp 文件中：

```
01   v =0.2;
02   float speedMult[8]={0.75f,0.5f,0.25f,0.0f,0.0f,0.0f,0.0f,0.0f};
03   float alpha =(orintation-theta );
04   v = v*speedMult[(int)(abs(alpha*180/M_PI)/22.5f)];
05   // 使用比例 PID 算法，纠正偏离角度
06   if(abs(alpha*180/M_PI)>90)
07   w =Incremental_P(theta,orintation);
08   // 使用 purepuresuit 算法，根据匀速计算角速度 w
09   else w =2*v*sin(alpha)*100/rho ;
```

第 4 行线速度根据角度的大小求出，角度越大，线速度越小。在第 7 行其角速度利用比例 PID 方法得出输出的角速度。

另一种是利用 PurePuresuit 算法，当角度差小于 90°时，调用该算法输出角速度。最后将 (x', y', θ) 的里程计获取方法简化为：

```
theta +=angspeed*deta;
x +=velspeed*  cos(theta)*deta*100;
y +=velspeed*  sin(theta)*deta*100;
```

这种跟随方法效果一开始表现很好，但随着时间的推移，由于车轮打滑和其他问题，位置信息会发生漂移。这是机器人的一个众所周知的问题，并且有很多详细的研究。造成误差的主要原因通常是机器人转弯时的误差即使非常小，也会随着时间累积，变成大的位置误差。路径跟随测试是一个测试位置的好方法，它不断地尝试通过转弯来跟踪轨迹，图 9-8 显示了误差在跟随路径后的累积。

图 9-8 可以看到转弯的次数越来越多，这是由于角度的累积误差造成的。

提高转弯精度的成熟方法是使用额外的传感器（如陀螺仪）来跟踪机器人方向，同时仍然使用里程计跟踪轨迹运动。可使用 gy85、Mpu6050 或者精度更高的 BNO055-IMU，将 IMU 惯导融合技术应用于轨迹跟随器，转弯角度效果会更好，但是里程计存在误差，仅是角度变得规整而已，如图 9-9 所示。

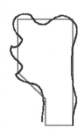
图 9-8　跟随误差

图 9-9　转弯效果

加上 IMU 后转弯次数减少，并且变得比较平滑。

除了路径跟随测试外，感兴趣的读者可以自己搭建黑线循迹机器人，如图 9-10 所示。将巡线运动过程中采集的里程计信息和 IMU 信息转换成 pose(x，y，θ)，标记到图像上。

图 9-10　黑线循迹机器人

本节讲述的路径跟随的工程为 pathFollow_Imu，该项目的工程文件可扫描图书封底的二维码下载。

9.2　轮式机器人定位匹配

前两节讲述的都是理想情况下的仿真实现，并且机器人本身的定位精度非常高（仿真下定位精度没有失真），但实际情况下，机器人的定位精度没有那么理想，肯定会存在偏差，所以有科学家提出了机器人的定位（localization）算法。例如，粒子滤波定位、里程计 IMU 惯导定位、基于地图图像匹配定位（迭代最近点云匹配算法和正态分布变化）、概率分布定位、户外 GPS 定位等。

9.2.1　粒子滤波

粒子滤波器（particle filter）是一种使用蒙特卡罗方法的递归滤波器，透过一组具有权重的随机样本（粒子）表示随机事件的后验概率，从含有噪声或不完整的观测序列，估计动力系统的状态，粒子滤波器可以运用在任何状态空间的模型上。

粒子滤波是贝叶斯滤波的一种表现形式，粒子滤波的思想来源于蒙特卡罗的方法（1940 年左右提出），即以某事件出现的频率来指代该事件的概率。卡尔曼滤波的噪声需要服从高斯分布，但是粒子滤波可以不局限于高斯噪声，原理上粒子滤波可以驾驭所有的非线性、非高斯系统。例如，警方在城市中追踪骑电动车的小偷的过程中就使用了粒子滤波方法。

第 1 步，初始化。警方找来一批警犬（粒子），并且让每个警犬闻一闻小偷留下的衣服碎片气味。然后将警犬均匀分布在城市的每个街道和片区。（另外还有高斯分布就是按照衣服碎片的区域为中心向周围分布）。

第 2 步，搜索。每个警犬都在所在位置闻一闻见到的人（在模型上会统计特征向量的相似性），如警犬的反应和与初始点的距离作为相似度归一化后的评分标准。

第 3 步，决策。控制中心根据每个警犬返回来的相似度信息预测小偷在哪（一般是哪的相似度大，小偷就在那）。

第 4 步，重采样（resampling）。根据决策信息，重新布置警犬位置，以进一步精确小偷位置。

再举个例子，一个较大的平面上，假设机器人所在的位置会产生一个坑，在机器人所在的平面上随机撒一把玻璃球。经过统计发现，有坑的地方密度相对较大，于是重新在密度较大的地方又撒了一把玻璃球，发现采样密度较大的位置还是上次采样的坑，接着经过多次采样对比，发现持续密度较大的地方就是机器人所处的位置。

其算法是将构建的粒子集合发布到测量函数，然后通过采样得到粒子的概率分布情况。在程序的算法实现中，将空间转换为时间，换句话说，就是一个粒子可能使机器人在某时刻 t 的一种可能的状态。假设粒子数 >1000，将按不同的时间顺序"投放"粒子。

粒子滤波在采样时会重新分配粒子权重，这也被称为粒子算法的"技巧"性，这样才能将计算资源集中到受关注的区域。

即使粒子滤波量很大，也有可能在正确的位置没有得到反馈。实际上粒子的缺乏问题可以通过增加时间计算量来弥补，同时在比较大的空间定位会产生不可思议的后果。粒子滤波算法中粒子到底需要多少，到目前为止，大概只有遵循经验法则了。

基于粒子滤波器的机器人典型应用，就是粒子滤波器定位算法——蒙特卡罗定位（Monte Carlo Localization，MCL）算法。

9.2.2 粒子滤波定位（蒙特卡罗定位）

经过多次试验证明，只有里程计和 IMU 传感器定位的情况下，由于地面的不平整（打滑）以及传感器精度的问题，机器人定位总是存在偏差。而蒙特卡罗定位算法能有效提高定位精度。

粒子滤波定位算法也遵循"定位需有图"的原则，在二维栅格地图上进行定位概率的估算，即用大量的粒子描述机器人可能的位置。基本的定位算法使用 M 个粒子，该粒子代表机器人某时刻的状态（可以是机器人的坐标和方向），并为每个粒子分配相同的权重。从测量模型（可以为感知路标或者激光雷达扫描障碍物）确定粒子的权重（可以为激光雷达扫描新的障碍物位置坐标周围的障碍物的数量和距离），更新粒子权重。接着从运动模型重采样（经过里程计模型得到），适当增加粒子或者删减权重低的粒子，机器人所处的位置就是通过判断哪部分粒子的权重较大，即障碍物分布密集度大。在第 11.2 节会通过 BreezySLAM 介绍该算法的实践效果。

9.3 GNSS 定位导航

GNSS（Global Navigation Satelite System）是全球导航卫星系统，包括 GPS、北斗等系统。GNSS 提供定位信息、速度信息、高度等信息，但导航系统是第三方根据 GNSS 提供的信息自行开发的，例如第 8 章所讲的根据时间、路径长短、拥堵情况等规划的导航路径，规划出来的导航路径信息由一个个的航点组成，如图 9-11 所示。

为了更好地理解百度地图规划后的路径信息，可以在封底扫描二维码下载路径信息。轻量级步行规划返回的参数如表 9-1 所示。

图 9-11　百度地图导航路线

表 9-1　步行规划参数

字段名称		字段含义	说明
Status		状态码 0：成功；1：服务内部错误；2：参数无效；7：无返回结果	—
Message		状态码对应的信息	—
Result		返回的结果	—
Origin	lng	起点经度	—
	lat	起点纬度	—
Destination	lng	终点经度	—
	lat	终点纬度	—
Routes		返回的方案集	—
Distance		方案距离	单位：m
duration		线路耗时	单位：s
steps		路线分段	—
direction		进入道路的角度	枚举值，返回值为 0～11 的一个值，共 12 个枚举值，以 30° 递进，即每个值代表的角度范围为 30°；其中返回 0 代表 345°～15°，返回 11 代表 315°～345°，以此类推
distance		路段距离	单位：m
duration		路段耗时	单位：s
instruction		路段描述	—
start_location		分段起点经度	—
		分段起点纬度	—
end_location		分段终点经度	—
		分段终点纬度	—
path		分段坐标	—

通过以上协议，可以学习并自行开发基于百度地图的户外线路规划和导航，并移植到机器人中。

实际中由于 GNSS 定位精度的问题，在工业中会选择 RTK（实时差分定位系统），以实现高精度的自动驾驶需求。RTK 实时差分定位系统可以借鉴 rtklib 和 RasPiGNSS 的方案实现。

9.4　本章总结

本章首先介绍了机器人路径跟随中使用的两种算法以及 PID 在控制角度中的使用，然后介绍粒子滤波和 MCL 在定位中的使用，最后讲解户外的 GNSS 定位。

第 3 部分

实 战 案 例

第 10 章　机器人定位终端实例

本章通过实例将之前学到的算法用于实际，加深读者对理论知识的深度理解。实例中使用树莓派、STM32 作为机器人终端的控制器，利用 Web 服务和用户交互，最终实现户外 GPS 定位和简单导航等。

10.1　机器人实体终端：模块构成

机器人终端的硬件组成情况可参考图 10-1，图中包括电源、电路板、各模块之间的通信连接情况。

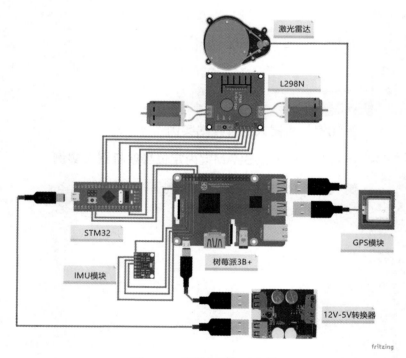

图 10-1　机器人电气示意图

本例中，机器人的整个硬件系统由两个控制器组成，分别是 STM32 和树莓派，STM32 用于控制 L298N（或者其他驱动模块），以此来控制两路电动机的转动。树莓派通过网络连接云平台进行通信，通过串口控制 STM32，树莓派通过串口接收 GPS 数据、通过 IIC 接收 RTIMU USB 连接激光雷达等，最终实现建图、避障、定位、导航等算法。

整个硬件系统使用 12 V 供电，树莓派和 STM32 需要经过 DC 12V-5V 降压模块后供电。

　　以上硬件系统在搭建时，建议将普通电动机更换为具有编码器功能的电动机，方便测速，测速的 IO 引脚仍沿用和单片机 STM32 连接的 GPIO 接口。另外，树莓派的 USB 口会根据不同的应用场景插入不同的外设。一般备用的有串口指南针模块、USB 接口的 4G 模块等。在该硬件系统的基础上，可以加入音频设备和显示设备（OLED 屏、12864 屏、TFT 彩屏）等。

　　对于初学者来讲，DIY 是比较简单并且节省成本的一种快速实现方式。

　　将所需部件，包括 GA370 电动机、L298N 电动机驱动模块、单片机固定在底盘上，如图 10-2 所示。

　　电动机固定时可以采用铜柱增加高度，建议选择高度为 100 mm 的轮胎，使用螺丝将轮胎固定到铜柱上，安装好的简易底盘如图 10-3 所示。

图 10-2　固定部件　　　　　　图 10-3　DIY 的底盘

10.2　轮式机器人通信：STM32 和树莓派之间的通信协议

　　为了让读者了解内部的通信情况，本节讲述通信协议的规定。通信协议为了避免干扰，会增加一些包头、包尾和校验。树莓派作为上位机向 STM32 发送指令。指令如表 10-1 所示。

表 10-1　发送指令格式表

包头（2 字节）	协议长度（字节）	内容（12 字节）	校验（1 字节）
0xff 0xff	1 字节	Byte[0-3]:x 轴速度 Byte[4-7]:y 轴速度 Byte[8-11]: 角速度	CRC

　　树莓派下发控制函数在 stm32_Control.c 文件中（树莓派路径 /home/pi/2navi_app/src）。

```
01    // 数据打包，将获取的 cmd_vel 信息打包，并通过串口发送
02    int send2fd(unsigned char* dat,int len)
03    {
04        pthread_mutex_lock(&cmd_mutex);   /* 获取互斥锁 */
05        write(imu_fd,dat,sBUFFERSIZE);
06        pthread_mutex_unlock(&cmd_mutex);/* 释放互斥锁 */
07    }
          // 数据打包，将获取的 cmd_vel 信息打包并通过串口发送
08    void cmd_send2(float vspeed,float aspeed)
09    {
10        unsigned char i;
11        char cmd_vel[16];
12        // 角速度和线速度同时存在
13        Ang_v.fvalue=aspeed;
14        Vx.fvalue=vspeed;
15        Vy.fvalue=0;
16        memset(s_buffer,0,sizeof(s_buffer));
17        // 数据打包
18        s_buffer[0]=0xff;
19        s_buffer[1]=0xff;
20        s_buffer[2]=15;
21        memcpy(s_buffer+3,Vx.cvalue,4);
22        memcpy(s_buffer+7,Vy.cvalue,4);
23        memcpy(s_buffer+11,Ang_v.cvalue,4);
24        s_buffer[15]=s_buffer[3]^s_buffer[4]^s_buffer[5]^s_buffer[6]
          ^s_buffer[7]^s_buffer[8]^s_buffer[9]^s_buffer[10]^s_buffer[11]
          ^s_buffer[12]^s_buffer[13]^s_buffer[14];
25        printf("\n");
26        send2fd(s_buffer,sBUFFERSIZE);
27    }
```

代码工程结构如下：

- Inc：头文件。
- Src：c 和 cpp 源文件。

```
├──── inc
│     ├──── odometry.h
│     ├──── osp_common.h
│     ├──── osp_syslog.h
│     ├──── socket_tcp.h
│     ├──── stm32_control.h
│     └──── Uart_comm.h
├──── Makefile
├──── README.md
└──── src
```

```
├──    odometry.c
├──    osp.c
├──    osp_proc_data.c
├──    osp_syslog.c
├──    socket_tcp.c
├──    stm32_control.c
└──    Uart_comm.c
```

其中，odometry.c 是相关里程计的说明文件，Uart_comm.c 是串口基础函数的说明文件，stm32_control.c 是串口控制指令协议解析和发送数据的文件。

该部分的源码可扫描图书封底二维码下载。

10.3　机器人与云平台通信：MQTT 通信协议

本节讲述 MQTT 通信协议的具体实现。通信格式采用 JSON 的 key-value 形式。测试服务器为 woyilian.com，端口为 port:1883。指令的主题为"设备号 /××/××"。例如，实现功能"将终端的 GPS 位置发布出去"，那么该功能的主题为"设备号 /state/gps"。图 10-4 比较全面地说明了主题之间的订阅与发布信息的关系，此处借助 ROS 的设计模式。

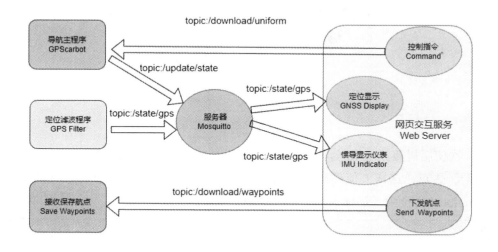

图 10-4　主题的关系联络图（图中的设备号已略去）

其中，机器人终端的 Web 服务器交互中，提供的通信主题有包括：

/download/uniform：发布一般控制信息。

/download/waypoints：发布 GPS 路径轨迹航点信息。

在云端的 Web 服务器交互中，提供的通信主题包括：

设备号 /download/uniform：发布一般控制信息。

设备号 /download/waypoints：发布 GPS 路径轨迹航点信息。

例如，Linux 下使用 mosquitto 发布主题和内容的格式如下：

```
mosquitto_pub -t 1110000001001001/upload/indicator -h 127.0.0.1 -m "{
    \"turnI\":    -14,
    \"pitchI\":   10,
    \"headingI\":     14,
    \"airspeedI\":    0,
    \"altitudeI\":    2,
    \"vspeedI\":      3
}"
```

10.4 轮式机器人：配置网络

机器人只有配置好网络才能和云端通信，使用无线通信是机器人联网的最佳选择。使用无线网络之前需要通过有线网络配置无线网络。如图 10-5 所示，首先启动树莓派，然后用一根网线将树莓派和计算机连接起来。

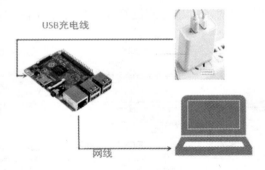

图 10-5 树莓派网络连接

第一次使用树莓派镜像时，需要使用计算机进行配置，同时，最好配置一个有线 IP 地址和无线热点，这样方便使用。例如，配置有线网络的固定 IP 为 192.168.0.206，然后放在 rc.local 文件中，这样下次启动时自动生效。

```
pi@opencv:~ $ sudo vi /etc/rc.local
```

在文件最后添加

```
sudo ifconfig eth0  192.168.0.206
```

如果有已经配置好的 WiFi ssid 和密码，当再次启动树莓派时，只要存在该 WiFi 热点，树莓派就可以自动连接。

接下来讲解如何配置 WiFi。例如，配置 WiFi 名称为 woyilian。将手机或者路由器设置成 woyilian 和对应的密码，树莓派就可以联网。

```
01    pi@opencv:~ $sudo vi   /etc/wpa_supplicant/wpa_supplicant.conf
02
03    ctrl_interface=DIR=/var/run/wpa_supplicant GROUP=netdev
04    update_config=1
05    country=CN
06    network={
07        key_mgmt=WPA-PSK
08        psk="123456789"
09        ssid="woyilian"
10    }
```

假设已经配置好树莓派的有线 IP 地址为
192.168.0.206，在计算机桌面右下角的状态栏可以
看到联网状态，如图 10-6 所示。

图 10-6　网络状态

打开网络和 Internet 设置，然后在窗口右侧选择
网络和共享中心，单击本地连接，如图 10-7 所示，弹出如图 10-8 所示的界面。

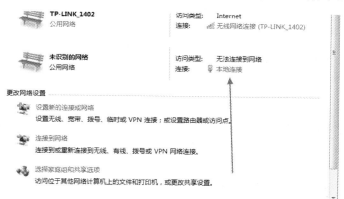

图 10-7　网络连接

单击"属性"按钮，弹出如图 10-9 所示的协议对话框。

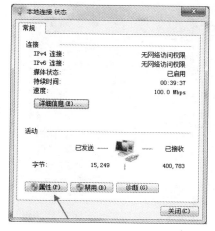

图 10-8　本地连接状态对话框

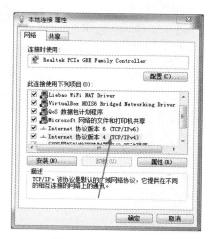

图 10-9　协议对话框

弹出如图 10-10 所示的对话框，其中 IP 地址设置为 192.168.0.60，子网掩码设置为 255.255.255.0。一直单击"确定"按钮，直到完成。

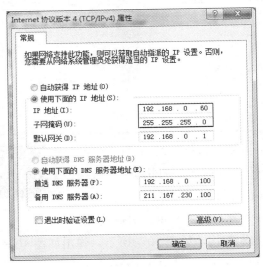

图 10-10　设置 IP 地址

通过 Windows 操作系统的 cmd 窗口可以向树莓派发命令，以判断网络是否畅通。输入 ping 192.168.0.206，如果出现"ttl= ms"，说明计算机和树莓派在同一个网段，并且能够正常通信。

Xshell 和 putty 是非常好用的 Shell 工具，可以学习掌握其中一个。下面以 Xshell 为例进行讲解。Xshell 界面如图 10-11 所示。

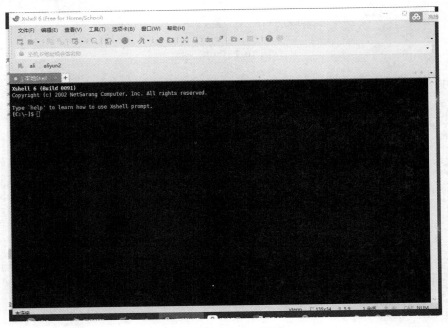

图 10-11　Xshell 界面

单击菜单中"文件"→"新建"选项，弹出"新建会话属性"对话框，其中协议选用 ssh，树莓派的主机地址为 192.168.0.206，账号为 pi，密码为 raspberry，如图 10-12 所示。

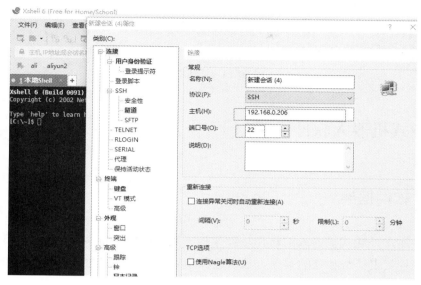

图 10-12　"新建会话属性"对话框

单击"确定"按钮，提示输入用户名和密码。正确输入后就可以进入树莓派的 Shell 界面了。

输入指令 ifconfig，可查看 wlan0 是否存在，以及 inet 行是否有明确的 IP 地址存在，如图 10-13 所示。通过指令 ping www.baidu.com，确认树莓派是否正确连接了因特网，如图 10-14 所示，出现此信息表示连通。

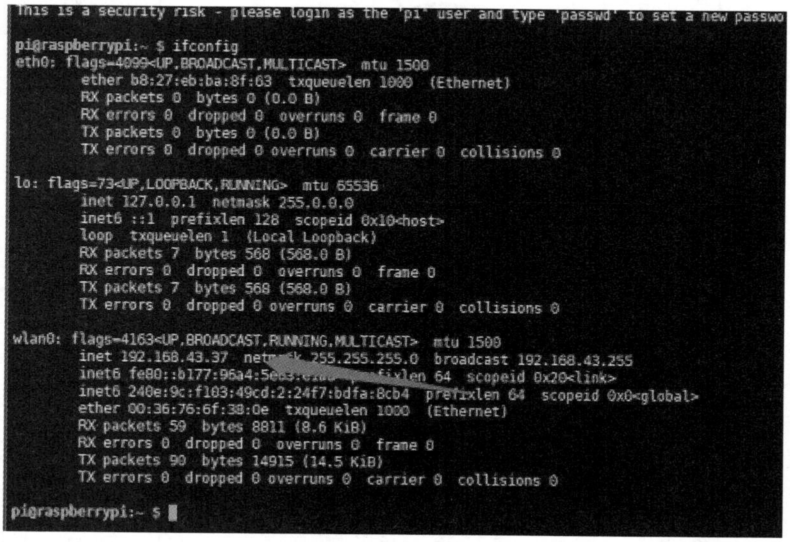

图 10-13　ifconfig 信息

```
lid@lid-VirtualBox:~$ ping www.baidu.com
PING www.a.shifen.com (110.242.68.4) 56(84) bytes of data.
64 bytes from 110.242.68.4 (110.242.68.4): icmp_seq=1 ttl=50 time=11.5 ms
64 bytes from 110.242.68.4 (110.242.68.4): icmp_seq=2 ttl=50 time=10.6 ms
64 bytes from 110.242.68.4 (110.242.68.4): icmp_seq=3 ttl=50 time=11.0 ms
64 bytes from 110.242.68.4 (110.242.68.4): icmp_seq=4 ttl=50 time=10.9 ms
64 bytes from 110.242.68.4 (110.242.68.4): icmp_seq=5 ttl=50 time=12.0 ms
64 bytes from 110.242.68.4 (110.242.68.4): icmp_seq=6 ttl=50 time=11.2 ms
64 bytes from 110.242.68.4 (110.242.68.4): icmp_seq=7 ttl=50 time=10.8 ms
^C
```

图 10-14　连通测试

10.5　轮式机器人软件说明

10.5.1　软件框架

本节讲述户外轮式机器人的软件功能架构。整体软件系统架构如图 10-15 所示，其中，独立进程代表一个独立的程序。独立进程和独立进程之间通过 MQTT、Socket 等方式通信。

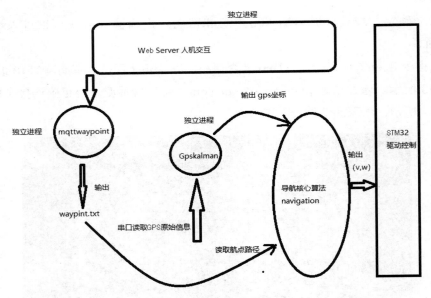

图 10-15　软件系统架构

人机交互的方法目前通过浏览器的网页实现，树莓派中嵌入了 Boa 的 Web 服务程序，通过 CGI 和脚本获取终端信息并展示到页面上，通过调用地图接口显示地图和终端定位等。

在 navigation 程序中，笔者将导航的一些关键算法放到此处，例如，栅格建图算法、局部路径规划、路径跟随算法、局部避障等。

10.5.2　控制 App：navigation

　　navigation 是笔者开发的一个具有核心算法的程序，该程序集成了路径规划、导航、避障。程序发布在树莓派终端，并在树莓派终端执行。

　　首先进入树莓派的 Shell，然后使用指令 "cd /home/pi/app" 进入 navigation 所在文件夹。在 navigation 的入口处（main 函数所在文件）创建了多个线程，这些线程有自己独立运行的时间片，按照调度时序运行，线程之间可以互相通信、调用变量等，部分源码如下。

```
01    pthread_attr_init(&attr);
02    pthread_attr_setschedpolicy(&attr, SCHED_RR);
03    param.sched_priority=5;
04    pthread_attr_setschedparam(&attr,&param);
05    pthread_create(&pthread_id,&attr,IMUThread,NULL);
06    pthread_attr_destroy(&attr);
07    /* 创建 STM32 通信任务 */
08    pthread_attr_init(&attr);
09    pthread_attr_setschedpolicy(&attr, SCHED_RR);
10    param.sched_priority=5;
11    pthread_attr_setschedparam(&attr,&param);
12    pthread_create(&pthread_id,&attr,&stm_Loop,NULL);
13    pthread_attr_destroy(&attr);
14    /* 创建 CPU 系统信息获取任务 */
15    pthread_attr_init(&attr);
16    pthread_attr_setschedpolicy(&attr, SCHED_RR);
17    param.sched_priority=5;
18    pthread_attr_setschedparam(&attr,&param);
19    pthread_create(&pthread_id,&attr,&getCPUPercentageThread,NULL);
20    pthread_attr_destroy(&attr);
21    /* 创建 MQTT 发布任务 */
22    pthread_attr_init(&attr);
23    pthread_attr_setschedpolicy(&attr, SCHED_RR);
24    param.sched_priority=5;
25    pthread_attr_setschedparam(&attr,&param);
26    pthread_create(&pthread_id,&attr,&Mqtt_PublishTask,NULL);
27    pthread_attr_destroy(&attr);
28    /* 创建 MQTT 的订阅任务 */
29    pthread_attr_init(&attr);
30    pthread_attr_setschedpolicy(&attr, SCHED_RR);
31    param.sched_priority=5;
32    pthread_attr_setschedparam(&attr,&param);
33    pthread_create(&pthread_id,&attr,&Mqtt_ClientTask,NULL);
34    pthread_attr_destroy(&attr);
35    /* 创建超声波测距任务 */
```

```
36   pthread_attr_init(&attr);
37   pthread_attr_setschedpolicy(&attr, SCHED_RR);
38   param.sched_priority=5;
39   pthread_attr_setschedparam(&attr,&param);
40   pthread_create(&pthread_id,&attr,&getUltrasonicThread,NULL);
41   pthread_attr_destroy(&attr);
42   /* 创建雷达扫描任务 */
43   pthread_attr_init(&attr);
44   pthread_attr_setschedpolicy(&attr, SCHED_RR);
45   param.sched_priority=5;
46   pthread_attr_setschedparam(&attr,&param);
47   pthread_create(&pthread_id,&attr,&getRpLidarThread,NULL);
48   pthread_attr_destroy(&attr);
49   /* 创建建图任务 */
50   onlineMaping_Array();
51   /* 创建轨迹标记任务 */
52   //paintTraj2txt();
```

接下来的工程中，会用到第 5 行获取 IMU 的线程 IMUThread()、第 12 行和 STM32 通信的线程 stm_Loop()、第 33 行 MQTT 通信摇杆控制的线程 Mqtt_ClientTask()、第 40 行获取超声波雷达数据的线程 getUltrasonicThread()、第 47 行获取激光雷达数据的线程 getRpLidarThread()，以上线程在所有的工程中通用。第 50 行 onlineMaping_Array() 是在线建图程序，可参考第 8 章的雷达建图讲解。该实例中的基本流程如图 10-16 所示。

启动程序后，依次创建线程，启动基于 RTIMULib 的 IMU 惯导库，实时读取加速计、陀螺仪、地磁计等信息，通过校准后，结合高低通滤波、Madgwick 等算法实现惯导融合。然后启动激光雷达调用栅格地图，结合贝叶斯的二值化算法，基于 OpenCV 构建局部二维栅格地图。接着将预先保存的航点转换成栅格地图上的位置，利用 PurePuresuit 和 DWA 算法实现局部避障和路径规划，此为局部决策功能，最后输出角速度和线

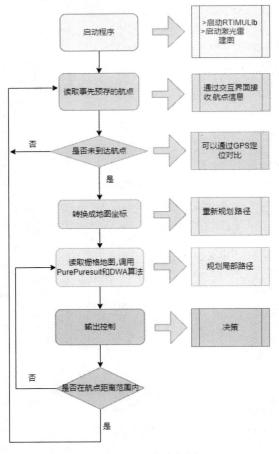

图 10-16　基本流程图

速度，实现机器人的运动。源码可扫描图书封底二维码下载。

10.5.3　硬件信息确认

在启动程序之前，需要确认硬件信息是否正常，简单的设备信息确认如下：

第 1 步，登录树莓派的 Shell 环境。

第 2 步，结合 10.4 节的内容，确认 WiFi 正常可用，可使用 ping 指令判断。

第 3 步，输入指令 lsusb，确认 USB 转串口的设备是否在线。如图 10-17 所示。USB 转串口的设备可确认是否连接 STM32 的底盘，还能确定激光雷达等外设是否存在。

```
pi@raspberrypi:~ $ lsusb
Bus 001 Device 024: ID 10c4:ea60 Cygnal Integrated Products, Inc. CP210x UART Bri
Bus 001 Device 023: ID 148f:760b Ralink Technology, Corp. MT7601U Wireless Adapte
Bus 001 Device 022: ID 0424:ec00 Standard Microsystems Corp. SMSC9512/9514 Fast E
Bus 001 Device 021: ID 0424:9514 Standard Microsystems Corp. SMC9514 Hub
Bus 001 Device 001: ID 1d6b:0002 Linux Foundation 2.0 root hub
```

图 10-17　lsusb 指令

10.6　轮式机器人的人机交互

Web 交互是指通过网页查看机器人的基本信息等一系列操作。本设计中，仅输入机器人树莓派的局域网 IP 地址和网页文件名，就可以查看定位、地图规划等信息，如图 10-18 所示。

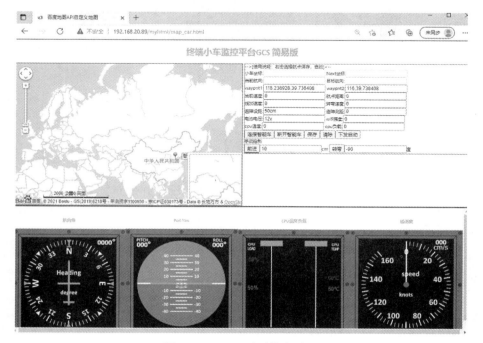

图 10-18　Web 页面信息展示

map_car.html 文件使用 HTML 语言编写，用到了 MQTT 的 JavaScript 库。

```
<script src="../js/mqttws31.js"></script>
```

同时调用百度的地图接口。

```
<scripttype="text/javascript" src="http://api.map.baidu.com/
getscript?v=1.4"></script>
```

HTML 网页中用到了 <button>、<input> 标签。网页中的 MQTT 订阅终端发布的主题，同时按主题格式发布控制信息。通过 MQTT 接收来自终端 GPS 的经纬度信息后，直接在地图上定位并显示。该 map_car.html 的完整源码可扫描图书封底二维码下载。

Web 网页交互是比较方便的一种方式，但使用网络连接难免会觉得麻烦，此时，可以选择显示屏交互。使用 5 英寸或 7 英寸显示触摸屏，可实现增加路径规划、局部导航跟踪、调试打印、图像监控、系统设置、设备管理、仪表监控、自主导航等功能，让操作和显示更加友好，方便学习和调试，如图 10-19 所示。

图 10-19　屏幕交互

该设计使用 Qt 开发，图中的首页使用 QML 技术渲染，该界面仅供参考和学习。

10.7　轮式机器人云平台功能介绍

为了更好地使用云平台监控机器人的运动，笔者设计并发布了一个简单的云系统，可扫描图书封底二维码，下载链接使用。该云系统只需要注册、添加机器人 ID，就可以免费使用定位、路径规划等功能。

10.7.1　添加设备

对机器人进行管理，包括机器人（智能车）的名称、型号和编号。智能车的编号必须是唯一的，用于平台和设备进行绑定。平台链接可扫描图书封底二维码下载。

注册完成后，在设备菜单中找到"扫码添加"选项，通过扫码添加设备，届时会将设备的编号添加到平台，这样就可以使用MQTT发布唯一的通信主题了，如图10-20所示。

图 10-20　扫码添加设备

10.7.2　设备信息

该项目中可按关键字查询设备信息，一般是设备的名称或者设备编码，查看每台设备的详细信息。实例中提供了一些远程云平台操作机器人的界面展示。登录云平台后，可以看到机器人信息列表，如图 10-21 所示。

智能车ID	所属用户	智能车名称	智能车型号	智能车自编号	版本	上线日期	传感器参数	系统参数	拍照	指示仪表	GPS定位	状态	操作
3	测试组	gpscar1	dttv-1	1110000001001001	250	2018-08-10 00:00:00	💧	🔗	📷	⛺	📍	智待	✏ ✖
5	测试组	patrol	x-p	1110000001001002	250	2018-08-29 09:22:38	💧	🔗	📷	⛺	📍	离线	✏ ✖
6	江苏ZX	哨兵星园	GPSCAR	1110000001002001	250	2018-12-02 01:53:23	💧	🔗	📷	⛺	📍	在线	✏ ✖

图 10-21　机器人信息列表

每台设备终端将会显示所属用户、名称、型号、编号和版本号，以及上线日期等系统信息。同时具备传感器参数，如温度；系统参数，如机器人的电池电压、电量；拍照功能可以远程采集前端照片；指示仪表可以看到姿态信息；GPS 定位信息里可以看到百度地图上的定位地址，状态分为在线、离线。

10.7.3　趣味玩法

1. 摇杆远程控制

在平台中打开机器人的功能操作，选择"远程控制"选项，选择想要控制的机器人，如图 10-22 所示。

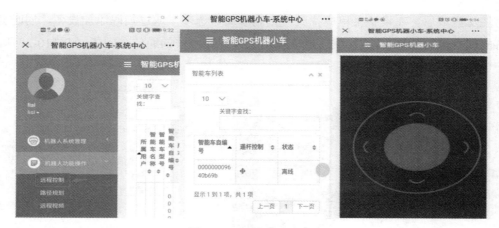

图 10-22　遥杆远程控制

2. 远程定位

在平台中打开机器人的功能操作，选择"路径规划"选项，就可以看到机器人的定位，如图 10-23 所示。

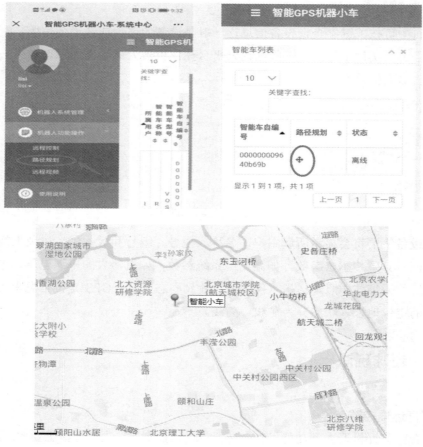

图 10-23　远程定位

3. 远程拍照

用户可通过该功能实现终端拍照，先单击"拍照"按钮，再单击"获取"按钮，则可以在正下方的框中显示照片信息。单击"前进""停止""后退""左转""右转"按钮，可以远程控制小车自动行驶，如图 10-24 所示。

图 10-24　拍照展示

10.7.4　路径规划

在地图中多次右击，会将途中的拐点添加到地图中，并最终发送到机器人上，实现路径规划，图 10-25 是手动规划和自动规划的对比。

图 10-25　手动规划和自动规划

10.8　手动规划路径的原理及操作

手动规划路径不受第三方平台在规划路径时的条件限制，可以自定义任何一条路径，使机器人按该路径行驶。

机器人行驶或者到达目的地是通过一系列的路径节点实现的，当机器人从 A 点到 B 点时，实际上是经过无数的中间节点实现的，利用这种思路将这些节点离散，并取出一些比较典型的值作为特征值来区分节点特征，以实现机器人的动作。例如，在地图上标记 wp1、wp2、wp3、wp4、wp5 五个航点，借助第 9 章的路径跟随法，如图 10-26 所示。

图 10-26　手动规划

其中，要实现 wp1 ～ wp5 的路径，在地图上右击相应的位置，则会记录该位置的地图坐标并显示在 waypoint 文本框中，如图 10-27 所示。单击"保存"按钮后，距离和方位角将会发送到轮式机器人，实现导航。

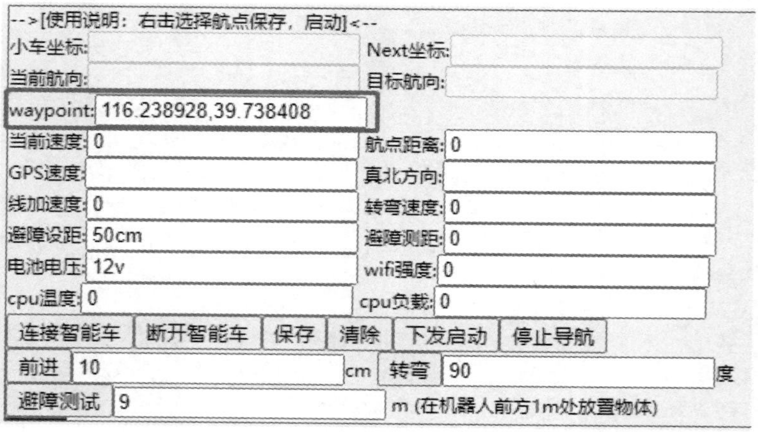

图 10-27　地图规划

用户可以根据上面的定位数据实现对轮式机器人行驶的控制。以树莓派为机器人控制器的系统中，通过执行 waypoint 程序，该程序会解析数据格式并将新数据保存到 waypoint 所在的路径下。文件名为 waypoint.csv，通过使用 "cat waypoints.csv" 指令查看接收的经纬度信息，如图 10-28 所示。树莓派在启动导航相关的程序后会读取这个文件，将路径信息读取到内存中，实现自动导航。

图 10-28 查看节点信息

在网页单击"下发启动"按钮运行机器人，机器人依次将航点作为短期移动目标，可以通过 PurePuresuit、DWA、VFH 等算法实现轨迹跟踪或者避障。至此，平台的构建和使用就完成。

10.9 本章总结

本章首先介绍轮式机器人的模块集成、具体的通信协议和 MQTT 通信的具体实现，然后介绍轮式机器人的硬件基础和代码架构，最后介绍机器人云平台的交互界面。

第 11 章　BreezySLAM 室内定位导航机器人实例

本实例基于 BreezySLAM 的开源算法,该算法速度快、效率高,基于 Python 实现,对于大多数读者学习机器人 SLAM,具有非常重要的意义。BreezySLAM 是 TinySLAM 的演进版本,全部代码不到 200 行,TinySLAM 是基于粒子滤波(参见第 9 章)实现的。本章主要从安装、运行、实践 3 个方面进行讲解。

11.1　BreezySLAM 的安装

BreezySLAM 正常运行要依赖一些必要的库,本节首先介绍 Ubuntu 环境下 BreezySLAM 的安装。

第 1 步,使用 pip 指令安装基于 python 2.7 的串口工具 pyserial。

```
lid@lid-VirtualBox:~/Breezyslam$ sudo  pip  install  pyserial
The directory '/home/lid/.cache/pip/http' or its parent directory is not
owned by the current user and the cache has been disabled. Please check
the permissions and owner of that directory. If executing pip with sudo,
you may want sudo's -H flag.
The directory '/home/lid/.cache/pip' or its parent directory is not
owned by the current user and caching wheels has been disabled. check
the permissions and owner of that directory. If executing pip with sudo,
you may want sudo's -H flag.
Collecting pyserial
  Downloading https://files.pythonhosted.org/packages/07/bc/587a445451b2
53b285629263eb51c2d8e9bcea4fc97826266d186f96f558/pyserial-3.5-py2.py3-
none-any.whl (90kB)
    100% |████████████████████████████████| 92kB
949kB/s
Installing collected packages: pyserial
Successfully installed pyserial-3.5
```

第 2 步,安装雷达驱动接口库 rplidar。

测试中使用的是从奥松机器人购买的激光雷达 A1,雷达的驱动接口库使用 git clone 下载,下载地址可通过扫描图书封底的二维码获取。下载操作如下。

```
lid@lid-VirtualBox:~/Breezyslam$ git  clone
  https://github.com/SkoltechRobotics/rplidar.git
Cloning into 'rplidar'...
remote: Enumerating objects: 110, done.
remote: Total 110 (delta 0), reused 0 (delta 0), pack-reused 110
Receiving objects: 100% (110/110), 44.01 KiB | 542.00 KiB/s, done.
```

```
Resolving deltas: 100% (59/59), done.
lid@lid-VirtualBox:~/Breezyslam$
```

接着进行安装。

```
cd rplidar
sudo  python2.7  setup.py  install
```

出现下面的信息表示安装成功。

```
Installed /usr/local/lib/python2.7/dist-packages/rplidar-0.9.2-py2.7.egg
Processing dependencies for rplidar==0.9.2
Searching for pyserial==3.5
Best match: pyserial 3.5
Adding pyserial 3.5 to easy-install.pth file
Installing pyserial-miniterm script to /usr/local/bin
Installing pyserial-ports script to /usr/local/bin
Using /usr/local/lib/python2.7/dist-packages
Finished processing dependencies for rplidar==0.9.2
```

第 3 步，安装 BreezySLAM 源码。首先从 GitHub 链接中复制 gitcloneBreezySLAM 源码。

```
git clone https://github.com/simondlevy/BreezySLAM.git
lid@lid-VirtualBox:~/Breezyslam/rplidar$ git  clone
 https://github.com/simondlevy/BreezySLAM.git
Cloning into 'BreezySLAM'...
remote: Enumerating objects: 1104, done.
remote: Counting objects: 100% (3/3), done.
remote: Compressing objects: 100% (3/3), done.
remote: Total 1104 (delta 0), reused 1 (delta 0), pack-reused 1101
Receiving objects: 100% (1104/1104), 1.17 MiB | 1.28 MiB/s, done.
Resolving deltas: 100% (699/699), done.
```

然后进入源码文件夹。

```
lid@lid-VirtualBox:~/Breezyslam/rplidar$ cd BreezySLAM/python/
lid@lid-VirtualBox:~/Breezyslam/rplidar/BreezySLAM/python$
```

最后进行安装。

```
lid@lid-VirtualBox:~/Breezyslam/rplidar/BreezySLAM/python$  sudo
python2.7 setup.py install
x86_64
running install
running build
running build_py
running install_egg_info
Writing /usr/local/lib/python2.7/dist-packages/BreezySLAM-0.1.egg-info
```

第 4 步，安装 Python 的可视化界面程序 pyrobotviz。

```
lid@lid-VirtualBox:~/Breezyslam/rplidar/BreezySLAM/python$ git clone
https://github.com/simondlevy/PyRoboViz
Cloning into 'PyRoboViz'...
remote: Enumerating objects: 177, done.
remote: Total 177 (delta 0), reused 0 (delta 0), pack-reused 177
Receiving objects: 100% (177/177), 645.56 KiB | 193.00 KiB/s, done.
Resolving deltas: 100% (90/90), done.
lid@lid-VirtualBox:~/Breezyslam/rplidar/BreezySLAM/python$
```

进入源码文件夹。

```
lid@lid-VirtualBox:~/Breezyslam/rplidar/BreezySLAM/python$ cd PyRoboViz/
lid@lid-VirtualBox:~/Breezyslam/rplidar/BreezySLAM/python/PyRoboViz$
sudo python2.7 setup.py  install
[sudo] password for lid:
running install
running build
running build_py
creating build
creating build/lib.linux-x86_64-2.7
creating build/lib.linux-x86_64-2.7/roboviz
copying roboviz/__init__.py -> build/lib.linux-x86_64-2.7/roboviz
running install_lib
creating /usr/local/lib/python2.7/dist-packages/roboviz
copying build/lib.linux-x86_64-2.7/roboviz/__init__.py -> /usr/local/
lib/python2.7/dist-packages/roboviz
byte-compiling /usr/local/lib/python2.7/dist-packages/roboviz/__init__.
py to __init__.pyc
running install_egg_info
Writing /usr/local/lib/python2.7/dist-packages/roboviz-0.0.0.egg-info
```

至此，BreezySlam 安装完成。该部分内容可扫描图书封底二维码下载。

11.2　BreezySLAM 测试

接下来使用测试文件进行测试。测试前，先连接好 A1 激光雷达，并将设备映射到 Ubuntu 下。测试文件 Rplidarslam.py 如下。

```
01   #-*- coding:utf-8 -*-
02   #!/usr/bin/env python3
03   MAP_SIZE_PIXELS          =500
04   MAP_SIZE_METERS          =10
05   LIDAR_DEVICE             ='/dev/rplidar'
06   # 每帧最少 180 个采样
07   # 如果计算机处理很慢，会导致地图是空的
08   # 刷新会很慢
```

```
09    MIN_SAMPLES    =180
10
11    import sys
12    import os
13    import time
14    from breezyslam.algorithms import RMHC_SLAM
15    from breezyslam.sensors import RPLidarA1 as LaserModel
16    from rplidar import RPLidar as Lidar
17    from roboviz import MapVisualizer
18    from rplidar import RPLidarException
19
20    if __name__ =='__main__':
21    # 连接雷达
22    berror=True
23    while berror==True:
24            lidar = Lidar(LIDAR_DEVICE)
25    try:
26                info =lidar.get_info()
27    berror=False
28    except RPLidar Exception as err:
29    print(err)
30    time.sleep(1)
31    berror=True
32    lidar.stop()
33    lidar.disconnect()
34    pass
35
36    # 打印雷达信息
37    print(info)
38    # 打印雷达健康状态
39    health =lidar.get_health()
40    print("health status:")
41    print(health)
42    # 创建 RMHC SLAM 雷达模型
43    slam = RMHC_SLAM(LaserModel(), MAP_SIZE_PIXELS, MAP_SIZE_METERS)
44    # 配置 SLAM 显示
45    viz =MapVisualizer(MAP_SIZE_PIXELS, MAP_SIZE_METERS,'VosSLAM')
46    # 初始化轨迹列表
47        trajectory =[]
48    # 初始化空地图
49    mapbytes=bytearray(MAP_SIZE_PIXELS * MAP_SIZE_PIXELS)
50    previous_distances=None
51    previous_angles=None
52    # 第一帧大多存在问题，忽略
53    while True:
```

```
54    for i,scan inenumerate(lidar.iter_scans()):
55    print('%d: Got %d measurments'%(i,len(scan)))
56    if i>0:
57                    distances =[item[2]for item in scan]
58                    angles    =[item[1]for item in scan]
59    # 刷新 SLAM
60    slam.update(distances,scan_angles_degrees=angles)
61    # 获取机器人位置
62    x, y, theta =slam.getpos()
63    # 获取灰度图字节数据
64    slam.getmap(mapbytes)
65    # 在地图上显示机器人位置
66    if not viz.display(x/1000., y/1000., theta,mapbytes):
67    exit(0)
68    # 从三元组中提取距离和角度
69    # 关闭雷达连接
70    lidar.stop()
71    lidar.disconnect()
```

其中，第 3 行设置地图尺寸为 500×500 像素，第 9 行设置采样数为 180，第 14 行、第 15 行为导入 breezyslam 库，第 16 行导入激光雷达库，第 43 行为 breezyslam 的经典构建方法，从第 54 ~ 67 行通过循环调用 lidar.iter_scans() 方法，持续读取激光雷达的角度和距离，并在第 60 行调用 slam.update 刷新位姿，第 66 行显示地图。

在 Shell 中执行以下命令：

```
lid@lid-VirtualBox:~/Breezyslam/rplidar/BreezySLAM/examples$ sudo
python2 rplidarslam.py
Incorrect descriptor starting bytes
{'hardware': 0, 'model': 24, 'firmware': (1, 18), 'serialnumber': u'5CB4F
BF2C8E49CCFC6E49FF1A266530D'}
health status:
('Good', 0)
0: Got 109 measurments
1: Got 164 measurments
No handlers could be found for logger "rplidar"
2: Got 101 measurments
3: Got 173 measurments
```

出现上述信息时，表示激光雷达正常启动并运行成功，如果失败，可能是供电问题，可通过单独外接 5V 电源到激光雷达上，解决该激光雷达的供电问题。

笔者将激光雷达用透明胶带固定到笔记本电脑上，如图 11-1 所示，然后举着笔记本计算机围着室内走一圈，最终保存的建图效果如图 11-2 所示。窗户和门都扫描到图中，扫描的长度也在误差范围内。整体可以满足建图需要，图中箭头代表机器人当前位置。

图 11-1 雷达的固定

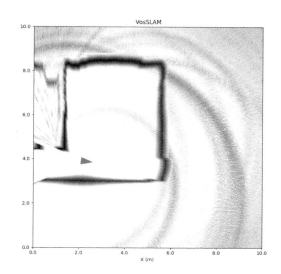

图 11-2 建图效果

另外，在 BreezySLAM 源码的 examples 文件夹下还有其他的一些应用，例如，log2pgm.py 可以将日志数据转换成 pgm 格式的地图。

```
lid@lid-VirtualBox:~/Breezyslam/rplidar/BreezySLAM/examples$ ls
exp1.dat   log2pgm.py  Makefilepgm_utils.pycrpslam_scipy.py
exp2.dat     log2pkl.py   mines.py        progressbar.py   urgslam.py
exp2.pgm     log2png.py   mines.pycprogressbar.pyc  xvslam.py
log2pgm.cpp  logdemo.mMinesRover.m  rplidarslam.py
Log2PGM.java logmovie.py  pgm_utils.py   rpslam.py
lid@lid-VirtualBox:~/Breezyslam/rplidar/BreezySLAM/examples$
```

这样在树莓派建图时仅需生成所需日志，然后借助 log2pgm 将日志数据转换成 pgm 格式的地图就可以了。

11.3 BreezySLAM 源码分析

进入 breezyslam 的算法目录，并通过 ls 指令查看目录中的文件。

```
lid@lid-VirtualBox: $ cdBreezySLAM/python/breezyslam
lid@lid-VirtualBox:~/Breezyslam/rplidar/BreezySLAM/python/breezyslam$ ls
algorithms.py __init__.py sensors.py vehicles.py
```

其中的 algorithms.py 文件是算法的核心源码，部分内容如下。

```
01    #-*- coding:utf- -*-
02    #BreezySLAM: 简单、高效的python 代码
03    import pybreezyslam
04    import math
05    import time
```

```
06
07    # 基础参数
08    _DEFAULT_MAP_QUALITY            =50
09    _DEFAULT_HOLE_WIDTH_MM          =600
10
11    # 随机变异爬山算法 (RMHC) 参数
12    _DEFAULT_SIGMA_XY_MM            =100
13    _DEFAULT_SIGMA_THETA_DEGREES    =20
14    _DEFAULT_MAX_SEARCH_ITER        =1000
15
16    #CoreSLAM 类
--------------------------------------------------------------------------
-----------------------------------------------
17    class CoreSLAM(object):
18         def__init__(self, laser,map_size_pixels,map_size_meters,
19    map_quality=_DEFAULT_MAP_QUALITY,hole_width_mm=_DEFAULT_HOLE_WIDTH_MM):
20    # 省略部分
21    self.scan_for_distance=pybreezyslam.Scan(laser,1)
22    self.scan_for_mapbuild=pybreezyslam.Scan(laser,3)
23    # 初始化地图
24    self.map=pybreezyslam.Map(map_size_pixels,map_size_meters)
25    defupdate(self,scans_mm,pose_change,scan_angles_
      degrees=None,should_update_map=True):
26    # 转换位姿 (dxy,dtheta,dt) 到线速度、角速度 (dxy/dt, dtheta/dt)
27    velocity_factor=(1/pose_change[2])if(pose_change[2]>0)else0
28    dxy_mm_dt=pose_change[0]*velocity_factor
29    dtheta_degrees_dt=pose_change[1]*velocity_factor
30         velocities =(dxy_mm_dt,dtheta_degrees_dt)
31    # 计算出距离并添加到地图
32         self._scan_update(self.scan_for_mapbuild,scans_mm,
             velocities,scan_angles_degrees)
33         self._scan_update(self.scan_for_distance,scans_mm,
             velocities,scan_angles_degrees)
34    # RMHC_SLAM 类
--------------------------------------------------------------------------
-----------------------------------------------
35    class RMHC_SLAM(SinglePositionSLAM):
36    # 初始化地图尺寸
37    def__init__(self, laser,map_size_pixels,map_size_meters,
38     map_quality=_DEFAULT_MAP_QUALITY,hole_width_mm=_DEFAULT_HOLE_
       WIDTH_MM,
39     random_seed=None,sigma_xy_mm=_DEFAULT_SIGMA_XY_MM,sigma_theta_
       degrees=_DEFAULT_SIGMA_THETA_DEGREES,
```

```
40      max_search_iter=_DEFAULT_MAX_SEARCH_ITER):
41      '''
42      创建 a RMHCSlam 目标
43      map_size_pixels 像素地图大小
44      map_size_meters 地图大小，单位：米
45      hole_width_mm 障碍物大小
46      sigma_xy_mm 指定标准方差
47      '''
48       SinglePositionSLAM.__init__(self, laser,map_size_pixels,map_size_
         meters,
49      map_quality,hole_width_mm)
50      ifnot random_seed:
51      random_seed=int(time.time())& 0xFFFF
52
53      self.randomizer=pybreezyslam.Randomizer(random_seed)
54      self.sigma_xy_mm=sigma_xy_mm
55      self.sigma_theta_degrees=sigma_theta_degrees
56      self.max_search_iter=max_search_iter
57      # 刷新
58      defupdate(self,scans_mm,pose_change=None,scan_angles_
         degrees=None,should_update_map=True):
59      ifnotpose_change:
60      pose_change=(0,0,0)
61      # 调用 core 刷新 SLAM
62      CoreSLAM.update(self,scans_mm,pose_change,scan_angles_
         degrees,should_update_map)
```

在 algorithms.py 中编写了 3 个类，RMHC_SLAM(SinglePositionSLAM) 实例化 RMHC_SLAM 类后，实现地图定义、标准方差、障碍物大小的设定。通过 x、 y、 theta =slam.getpos() 获取位姿。通过 slam.getmap() 获取地图数据。

第 14 行为粒子迭代的次数，粒子滤波被用于获取最佳的机器人位置。具体的实现方法在 BreezySLAM/c/coreslam.c 文件中，实现方法如下。

```
01      position_trmhc_position_search(
02              position_tstart_pos,
03              map_t* map,
04              scan_t* scan,
05              double sigma_xy_mm,
06              double sigma_theta_degrees,
07              int max_search_iter,
08              void* randomizer)
09      {
10          position_tcurrentpos=start_pos;
11          position_tbestpos=start_pos;
12          position_tlastbestpos=start_pos;
```

```
13        int current_distance=distance_scan_to_map(map, scan,
          currentpos);
14        int lowest_distance=current_distance;
15        int last_lowest_distance=current_distance;
16        int counter =0;
17        while(counter <max_search_iter)
18        {
19            currentpos=lastbestpos;
20            currentpos.x_mm=random_normal(randomizer,currentpos.x_mm,
              sigma_xy_mm);
21            currentpos.y_mm=random_normal(randomizer,currentpos.y_mm,
              sigma_xy_mm);
22            currentpos.theta_degrees=random_normal(randomizer,currentpos.
              theta_degrees,sigma_theta_degrees);
23            current_distance=distance_scan_to_map(map, scan,currentpos);
24            /* 距离条件限制 */
25              if((current_distance>-1)&&(current_distance<lowest_
              distance))
26            {
27                lowest_distance=current_distance;
28                bestpos=currentpos;
29            }
30            else
31            {
32                counter++;
33            }
34            if(counter >max_search_iter/3)
35            {
36                if(lowest_distance<last_lowest_distance)
37                {
38                    lastbestpos=bestpos;
39                    last_lowest_distance=lowest_distance;
40                    counter=0;
41                    sigma_xy_mm*=0.5;
42                    sigma_theta_degrees*=0.5;
43                }
44            }
45        }
46    return bestpos;
47    }
```

其中，在第 17 行使用 while 循环"播撒" max_search_iter 个粒子，粒子是使用以时间为基准的随机粒子器产生的，第 20 ～ 22 行将 x、y、θ 分别和随机粒子器归一化后产生最新的位置预估，然后调用 distance_scan_to_map() 函数获取在预估位置下扫描的地图和原始地图的距离（该函数在 coreslam_sisd.c 文件中），匹配度越高代表距离越短，最后通过计算该距离是否为最短距离来判断是否为最佳位置。在最佳位置重新"播撒"粒子，获取下一轮的最佳位置。

随机突变爬山算法（Random Mutation Hill Climbing，RMHC）是一种随机局部搜索优化算法。爬山算法不一定会找到全局最大值，而是可能会收敛到局部最大值。经过多次迭代后，局部最大值可能是全局最大值。常应用于人工智能和定位搜索中。例如，在某地区寻找最高的山，随机到某地区的一个位置然后开始寻找方圆 10 km 内最高的山，记录下来。再随机到另一个位置，开始寻找方圆 10 km 内最高的山，经过多次迭代后，记录中最高的山有可能就是最高的山。

11.4　硬件搭建

机器人的硬件搭建依旧依托于笔者之前 DIY 的车体，可以参考第 2 章相关 DIY 设计，与之不同的是在顶部加入了激光雷达。其中激光雷达和树莓派通过 USB 转串口连接，最终如图 11-3 所示。

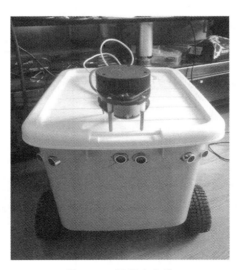

图 11-3　机器人主体

11.5　软件实现

本实例基于 BreezySLAM 算法搭建一辆可以建图和定位的机器人，采集扫描信息使用 rplidar A1 实现，其激光雷达硬件和树莓派的 USB 接口连接，树莓派将采集的机器人里程计、IMU、激光雷达信息，并通过 TCP 协议传输到计算机中，在 Ubuntu 操作系统中使用 Python 构建简易 GUI，观察实时构建的地图，并通过发送指令控制机器人的运动，如图 11-4 所示。

图 11-4 架构示意图

树莓派端执行的源码 rasp_main.py 如下。

```
01    import logging
02    import sys
03    import time
04    import codecs
05    import serial
06    import struct
07    import json
08    import SocketServer
09    import threading
10    from SocketServer import ThreadingTCPServer,StreamRequestHandler
11    import traceback
12    from socket import*
13    from wheeled Chassis import Chassis
14    from  rplidar import RPLidar as Lidar
15    from rplidar import RPLidar Exception
16    GPL ="breeezyslam_rovi.py Copyright (C) 20.1  lide  \n\
17    This program comes with ABSOLUTELY NO WARRANTY. \n\
18    This is free software, and you are welcome to redistribute it \n\
19    under certain conditions; please cite the source."
20    def move_control(cmd):
21        if cmd.find('103')!=-1:
22            print('F move:',cmd)
23            chassis.send_move(0.2,0.0)
```

```
24              time.sleep(0.01)
25          elif cmd.find('105')!=-1:
26              print('Left move:',cmd)
27              chassis.send_move(0.0,0.2)
28          elif cmd.find('106')!=-1:
29              print('Right move:',cmd)
30              chassis.send_move(0.0,-0.2)
31          elif cmd.find('108')!=-1:
32              print('Right move:',cmd)
33              chassis.send_move(0.0,0.0)
34  if __name__ =='__main__':
35      print(GPL)
36      chassis = Chassis('/dev/ttystm')
37      # 判断是否正常
38      berror=True
39      while berror==True:
40          lidar = Lidar('/dev/rplidar')
41          try:
42              info =lidar.get_info()
43              berror=False
44          except RPLidarExceptionas err:
45              print(err)
46              time.sleep(1)
47              berror=True
48              lidar.stop()
49              lidar.disconnect()
50              pass
51      # 打印雷达信息
52      print(info)
53      # 打印雷达健康状态
54      health =lidar.get_health()
55      print("health status:")
56      print(health)
57      HOST =''
58      PORT =55555
59      BUFSIZ =1024
60      ADDR =(HOST,PORT)
61      tcpSerSock= socket(AF_INET,SOCK_STREAM)
62      tcpSerSock.bind(ADDR)
63      tcpSerSock.listen(5)
64      while True:
65          print('waiting for connection...')
66          tcpCliSock,addr=tcpSerSock.accept()
67          print('...connnecting from:',addr)
68          flg=0
```

```
69              while True:
70                  for i,scan in enumerate(lidar.iter_scans()):
77                      #print('%d: Got %d measurments' % (i, len(scan)))
78                      if i>0:
79                          distances =[item[2] for item in scan]
80                          angles    =[item[1] for item in scan]
81                          lidar_datas='<'
82                          lidar_datas+=json.dumps(distances)
83                          lidar_datas+='+'
84                          lidar_datas+=json.dumps(angles)
85                          lidar_datas+='>'
86                          # 持续向计算机发送数据
                            tcpCliSock.send(bytes(lidar_datas.encode('utf-8')))
87                          data =tcpCliSock.recv(BUFSIZ)
                            # 调用函数实现移动
88                          move_control(data)
89                          #time.sleep(0.01) 延时适当添加
90              tcpCliSock.close()
91          tcpSerSock.close()
```

在树莓派端，使用 Socket 库创建 TCP 网络，此功能在第 61 行实现。Chassis 类中使用 serial 库访问 "/dev/ttyUSB" 的 USB 转串口设备，在 /etc/ude/rules 目录将两个串口设备分别绑定为 ttysstm 和 rplidar。串口设备包括 A1 激光雷达和 STM32 底盘，实现方法相对简单，通过创建 tcp server 等待计算机端连接，建立连接后，定时轮询接收计算机发来的控制指令。第 81 ～ 85 行通过特殊符号将数据分割打包，以方便接收数据时解析处理，第 86 行不断地向 PC 端发送激光雷达数据（距离列表和角度列表），第 88 行使用 move_control 实现机器人移动。Python 中的 Socket 发送数据时仅允许发送字符串或者字节 Bytes，所以需要通过 json.dumps 将数据转换成字符串，然后将字符串转换成字节发送，接收端需要注意此类形式。

计算机端的 client_displayUI.py 源码如下。

```
01    #-*- coding:utf-8 -*-
02    from socket import *
03    import json
04    MAP_SIZE_PIXELS          =500
05    MAP_SIZE_METERS          =10
06    LIDAR_DEVICE             ='/dev/rplidar'
07    # 可以看到每帧最少 180 个采样
08    # 如果计算机处理很慢，会导致地图是空的
09    # 刷新会很慢
10    MIN_SAMPLES    =180
11    import sys
12    import os
```

```
13    import time
14    import keyboard
15    from breezyslam.algorithms import RMHC_SLAM
16    from breezyslam.sensors import RPLidarA1 as LaserModel
17    from roboviz import MapVisualizer
18    def keyboard_callback(x):
19        # 键盘箭头值:103 ↑ ,105 ← ,106 →  108 ↓
20        print(x.scan_code)
21
22        tcp_client_socket.send(bytes(x.scan_code))
23        flg=x.scan_code
24        # 当监听的事件为回车键，且是按下时
25    def mm2pix(mm):
26        return int(mm /(MAP_SIZE_METERS *1000./ MAP_SIZE_PIXELS))
27    def main():
28        global tcp_client_socket
29        global flg
30        flg=""0"
31        # 创建 RMHC SLAM 目标
32        slam = RMHC_SLAM(LaserModel(), MAP_SIZE_PIXELS, MAP_SIZE_METERS)
33        # 创建 SLAM 显示窗口
34        viz =MapVisualizer(MAP_SIZE_PIXELS, MAP_SIZE_METERS,'VosSLAM')
35        # 初始化空的轨迹表
36        trajectory =[]
37        # 初始化空地图
38        mapbytes=bytearray(MAP_SIZE_PIXELS * MAP_SIZE_PIXELS)
39
40        # 存储之前的数据
41        previous_distances=None
42        previous_angles=None
43        # 创建tcp_client_socket 套接字对象
44        tcp_client_socket= socket(AF_INET,SOCK_STREAM)
45        # 连接服务器
46        tcp_client_socket.connect(("192.168.31.135",55555))
47        while True:
48            """ 无限循环可以实现无限聊天 """
49
50            recv_data=tcp_client_socket.recv(1024*1024)
51            time.sleep(0.05)
52            ifnot recv_data:# 如果为空
53                #print("datas is empty")
54                continue
55
56            tcp_client_socket.send(flg)
```

```
56          # 找到两个 list 的中间间隔符的位置
57          startindex=recv_data.find('<')
58          if startindex==-1:
59              print("cannot find <")
60              continue
61          splitindex=recv_data.find('+')
62          if splitindex==-1:
63              print("cannot find +")
64              continue
65          endindex=recv_data.find('>')
66          if endindex==-1:
67              print("cannot find >")
68              continue
69          if startindex>splitindex or splitindex>endindex:
70              continue
71
72          # 分别取两段赋值给距离和角度
73          distances =json.loads(recv_data[startindex+1:splitindex])
74          angles =json.loads(recv_data[splitindex+1:endindex])
75          # 刷新 SLAM
76          slam.update(distances,scan_angles_degrees=angles)
77          # 获取机器人位置
78          x, y, theta =slam.getpos()
79          # 添加位置到轨迹列表中
80          trajectory.append((x, y))
81          # 获取灰度图
82          slam.getmap(mapbytes)
83          # 将轨迹以黑色放到地图中
84          for cords in trajectory:
85              x, y =coords
86              x_pix= mm2pix(x)
87              y_pix= mm2pix(y)
88              mapbytes[y_pix* MAP_SIZE_PIXELS +x_pix]=0;
89          # 显示地图和机器人位置
90          if not viz.display(x/1000., y/1000., theta,mapbytes):
91              exit(0)
92      tcp_client_socket.close()
93  if __name__ =='__main__':
94      keyboard.hook(keyboard_callback)
95      main()
96      keyboard.wait()
```

　　在计算机端 Ubuntu 系统中创建 client_displayUI.py 文件，程序中使用 BreezySLAM 建图时，需要调用 PyViz 库查看图形效果，程序依赖 BreezySLAM、socket、keyboard 等库。通过不断循环接收雷达数据，然后解析出距离数据和角度数据，通过 slam.update 刷新

slam 算法，并增加 trajectory 轨迹列表，本实例中构建 500×500 像素的地图，其范围为 10 m×10 m。

11.6 测试运行

读者在测试时，需要确保树莓派镜像已经具备了所有的源码包。

测试需要准备 raspi_main.py 和 client_displayUI.py 两个源码文件，可以通过扫描图书封底二维码获取。

在树莓派搭建 BreezySLAM 环境后，通过 FTP 文件传输工具将 raspi_main.py 的工程传输到树莓派，接着执行该文件，操作如下：

```
python  raspi_main.py
```

在计算机端使用 sudo python 执行以下命令：

```
sudo python client_displayUI.py
```

由于 keyboard 库会监听计算机键盘的按下事件，属于获取外设情况，需要 root 权限，所以使用 sudo 执行。

最终的建图效果如图 11-5 所示。

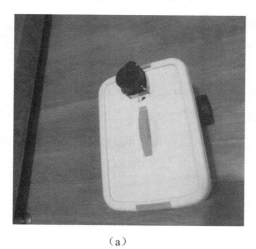
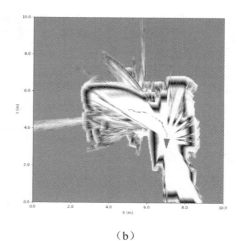

（a）   （b）

图 11-5 效果图（有彩图）

该工程的包名为 breezyslam_rovi，扫描图书封底的二维码可下载。

11.7 本章总结

本章以 BreezySlam 为基础，讲解如何搭建室内可以建图的轮式机器人，并通过 WiFi 远程控制机器人的运动，实现建图。

第 12 章　ROS 机器人开发实例

12.1　ROS 介绍

机器人是一个系统工程，涉及数学、计算机、机电、控制、自动化、网络通信、软件等诸多学科。开发一个机器人系统需要足够多的精力和时间来解决包括电路、结构、底层驱动程序、通信架构、组装集成、调试，以及编写各种感知决策和控制算法在内的问题，每一个任务都需要花费大量的时间，仅靠一个人的力量则需要长年累月的知识储备和时间完成。然而随着技术进步，机器人产业分工开始走向精细化、层次化。像电动机、底盘、激光雷达、摄像头、机械臂等元器件都可以买到成品，可直接拿来使用。在2007 年 7 月，美国的机器人公司 Willow Garage 为了研究和测试机器人项目，开发了一套用于机器人的包，并将 Robot Operating System 发布到 SourceForge，并命名为 ROS，图标如图 12-1 所示。

图 12-1　ROS 图标

本质上讲，ROS 是一套用于机器人编程的框架，框架集合了机器人所需要的各种软件程序包，通过 ROS 自带的通信机制，将各类软件包耦合到一起完成通信和交互。ROS 的英文全称中还有 system，但并非真正的操作系统，目前 ROS 是基于 Ubuntu 系统开发的程序，其编程语言基于 C/C++、Python 实现。图 12-2 为 ROS 与软硬件、传感器关系示意图。

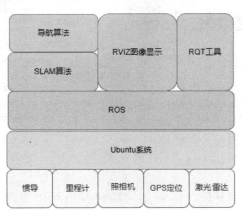

图 12-2　关系图

ROS 的操作平台将计算机硬件、传感器封装起来，而应用软件运行在操作系统之上，应用软件不考虑传感器类型，通过统一的通信格式获取数据。这样就不用纠结数据问题了。ROS 中每个程序单独存在，称为节点，每个传感器可以是一个节点，每个算法可以是一个节点，节点之间通过 ROS 的 topic 发送和接收。例如，底层的激光雷达传感器发送 laser topic，应用层的 SLAM 算法订阅 topic 后可以接收和处理。

近年来，ROS 的用户越来越多，已经形成了一个庞大的开源社区 ROS Wiki，ROS Wiki 发布各种协议、规则等，允许使用者修改和重新发布其中的应用代码，对个人和商业应用完全免费。当前使用 ROS 开发的软件包已经达到数千万个。2015—2020 年发布的 ROS 版本如图 12-3 所示。

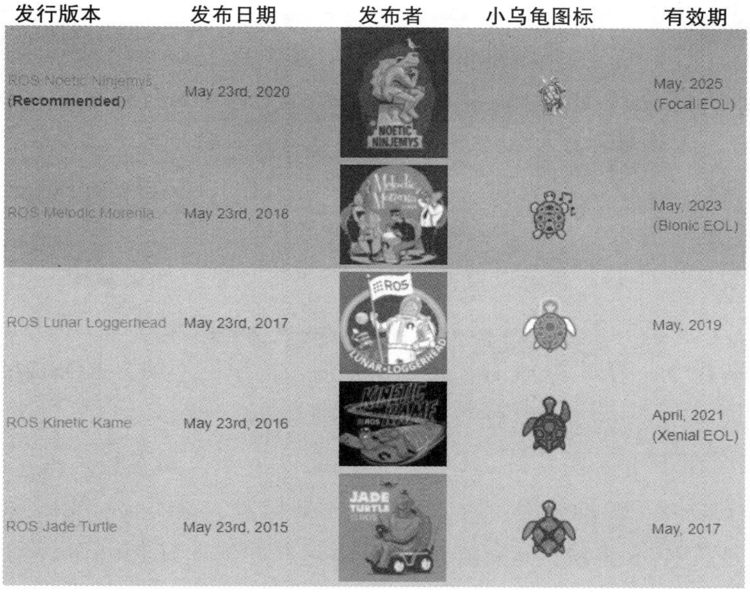

发行版本	发布日期	发布者	小乌龟图标	有效期
ROS Noetic Ninjemys (Recommended)	May 23rd, 2020			May, 2025 (Focal EOL)
ROS Melodic Morenia	May 23rd, 2018			May, 2023 (Bionic EOL)
ROS Lunar Loggerhead	May 23rd, 2017			May, 2019
ROS Kinetic Kame	May 23rd, 2016			April, 2021 (Xenial EOL)
ROS Jade Turtle	May 23rd, 2015			May, 2017

图 12-3 2015—2020 年发布的 ROS 版本

12.2 ROS 工具包

ROS 包含很多常用的工具库，常见的有：

- Rqt：可以实时绘制当前任意 topic 的数值曲线。
- rviz：超强大的 3D 可视化工具，可以显示机器人模型、3D 电影、各种文字图标，也可以很方便地进行二次开发。
- Gazebo：可以实现算法仿真和场景仿真。
- Rosbridge：一个可用于非 ROS 系统和 ROS 系统通信的功能包。
- OpenCV：强大的图形处理库。
- TF：Transform 的简写，利用它可以实时确定各连杆坐标系的位姿，也可以求出两个坐标系的相对位置。

- PCL：点云处理图形库。
- Gmapping：SLAM 实时建图库，基于粒子滤波实现。
- Localization：基于扩展卡尔曼滤波（EKF）和无痕卡尔曼滤波（UKF）的机器人定位算法，可以融合各种传感器的定位信息，获得较为准确的定位效果。

另外，ROS 系统还将许多第三方的开源项目吸纳到工具包中，例如：

- OROCOS：侧重于机器人底层控制器的设计，计算串联机械臂运动学数值解的 KDL、贝叶斯滤波、实时控制等功能。
- OpenRave：用来做运动规划的平台，ROS 已经将其中的 ikfast（计算串联机械臂运动学解析）等功能吸收。
- OMPL：非常著名的运动规划开源项目，已经成了 MoveIt 的一部分。
- Navigation：基于 Dijkstra、A* 算法（全局规划器）和动态窗口法 DWA（局部规划器）的移动机器人路径规划模块，可以在二维地图上实现机器人导航。

如果想快速入门 ROS，笔者建议没有必要从零开始，可以找到开源的镜像，例如树莓派 Ubuntu 的 ROS 镜像等，烧录到硬件中，直接开始体验。

有了这些实体硬件后，就可以直接输入指令进行测试。如果从零开始学习安装，会导致整个学习进度很慢，学习欲望越来越低。最快的方法就是直接用现有的去操作一遍，熟悉一些规则和指令。等对 ROS 有一定的认知后，再返回来结合 ROS Wiki 的知识，去深化理解。持续 1、2 周的学习，便可以对 ROS 有深度了解。

ROS 的门槛在于不仅要具备 C/C++、Python 以及一些脚本和系统知识，还要熟悉 ROS 的构建规则以及工具的使用。所以初学者不要指望一蹴而就，要循序渐进。

基本思路是在 ROS 系统里运行一遍 "小乌龟" 的仿真节点 turtle，结合感知节点，然后借助 rqt 观察节点数据流的关系，使用工具查看 topic 的情况，接着可以使用 rviz 查看更复杂的图像，然后开始自己动手编写节点，最后可以深挖一些算法，自己修改参数或者重构算法等。

对于 ROS，要多实践、多观察、多测试。

当然读者在学习完本书中，已经基本了解机器人的运行原理，可以直接上手 ROS。学习 ROS 需要关注操作和库的调用，而非算法。

笔者在 ROS 环境下开发过 3 个节点，分别是 imu node、gps node、STM32 node。

12.3 Ubuntu 环境下安装 ROS

目前比较稳定的 ROS 版本有基于 Ubuntu 16.04 的 ROS Kinetic 版本，基于 Ubuntu 18.04 的 Melodic 版本，基于 Ubuntu 20.04 的 Noetic 版本，笔者安装的是 Melodic 版本。安装的步骤基本类似，但是涉及的 key 会不同，下载不同的版本时注意区分，简要步骤如下。

通过 cat 指令查看版本信息。

```
lid@lid-VirtualBox:~$ cat /proc/version
Linux version 5.4.0-91-generic (buildd@lgw01-amd64-024) (gcc version
7.5.0 (Ubuntu 7.5.0-3ubuntu1~18.04)) #102~18.04.1-Ubuntu SMP Thu Nov 11
14:46:36 UTC 2021
```

配置并更新下载源列表，这里建议用中国科学技术大学（ustc）作为源。

```
lid@lid-VirtualBox:~$ sudo sh -c '. /etc/lsb-release && echo "deb
http://mirrors.ustc.edu.cn/ros/ubuntu/ $DISTRIB_CODENAME main" > /etc/
apt/sources.list.d/ros-latest.list'
```

配置完源之后，再按照官方教程继续下载添加 key。

```
lid@lid-VirtualBox:~$ sudo apt-key adv --keyserver keyserver.ubuntu.com
--recv-keys F42ED6FBAB17C654
```

按回车键后出现以下信息。

```
Executing: /tmp/apt-key-gpghome.UPUrgWdTkq/gpg.1.sh --keyserver
keyserver.ubuntu.com --recv-keys F42ED6FBAB17C654
gpg: key F42ED6FBAB17C654: public key "Open Robotics <info@
osrfoundation.org>" imported
gpg: Total number processed: 1
gpg:                imported: 1
lid@lid-VirtualBox:~$
```

注意在树莓派下安装不需要太多界面库，如果树莓派不需要屏幕，也可以不安装仿真环境的工具包（包含 ROS、rqt、rviz），而完成显示功能则需要在计算机端的 Ubuntu 中进行。

接下来更新系统，安装桌面环境和所依赖的全部包，这个安装比较全面，基本包括了所有需要的显示相关的库。

```
sudo apt-get update
sudo apt-get install ros-melodic-desktop-full
sudo apt-get install ros-melodic-rqt*
```

完成后继续测试，测试之前需要初始化 rosdep 包。

```
Sudo rosdep init
rosdep update
```

如果失败，可以先安装 rosdep。

```
lid@lid-VirtualBox:~$ sudo apt install python-rosdep
lid@lid-VirtualBox:~$sudo rosdep init
lid@lid-VirtualBox:~$rosdep update
```

rosdep update 执行比较缓慢，接着安装 python-rosinstall，同样需要联网下载。

```
lid@lid-VirtualBox:~$ sudo apt-get install ros-melodic-desktop
lid@lid-VirtualBox:~$ sudo apt-get install python-rosinstall
```

通过 ls 指令查看 /opt/ros/melodic/bin 目录中是否存在 roscore。

```
lid@lid-VirtualBox:~$ ls /opt/ros/melodic/bin/roscore
/opt/ros/melodic/bin/roscore
```

如果存在，就使用 source 指令将环境配置到启动中。

```
lid@lid-VirtualBox:~$ echo "source /opt/ros/melodic/setup.sh " >>~/.
bashrc
lid@lid-VirtualBox:~$ source .bashrc
```

在 ~/.bashrc 中可以看到 source /opt/ros/melodic/setup.sh 命令，这样每次打开 Shell 终端就会执行 source 指令来配置 ROS 环境。

运行 roscore 进行测试。

```
lid@lid-VirtualBox:~$ roscore
```

这里需要打开一个新的终端，使用 turtlesim 仿真环境，调出小乌龟仿真实例。

```
lid@lid-VirtualBox:~$ rosrun turtlesim turtlesim_node
```

出现界面后，再打开一个新的终端，输入键盘控制指令，

```
lid@lid-VirtualBox:~$ rosrun turtlesim turtle_teleop_key
```

然后就可以用键盘上的方向键来控制小乌龟移动，如图 12-4 所示。

图 12-4　turtlesim 小乌龟仿真实例

12.4 发布 GPS 定位 node

本节讲解如何通过创建一个 GPS 的节点采集 GPS 经纬度数据，并利用 mqtt 发布到网络云平台上进行定位。基于 Linux 系统，首先要安装 mosquito 包，依次输入以下指令：

```
sudo apt-get install  mosquitto-dev
sudo apt-get install mosquitto-clients
```

输入 mosquitto，按 Tab 键，出现 mosquitto_pub 说明安装成功。

测试指令：mosquitto_pub -t %s -h %s -m "%s"

例如，mosquitto_pub -t topic -h 127.0.0.1 -m "test"

安装完 mqtt 的 server 后，在定义的路径下创建 GPS 的节点 node，笔者选择在 /home/lid 目录下创建。ROS 的工程可以用 catkin_create_pkg 来创建。

一个完整的工程样式其目录结构如下：

```
lid@lid-VirtualBox:~/project_ws$ tree . -L 1
.
├── build
├── devel
└── src/
        ├── CMakeLists.txt -> /opt/ros/melodic/share/catkin/cmake/toplevel.
          cmake
    └── project
        ├── CMakeLists.txt
        ├── include
        │   └── project
        ├── package.xml
        └── src
            └── project_node.cpp
```

接下来创建 gps_ws 的工程目录，输入以下指令：

```
cd ~
mkdir  -p  gps_ws/src
cd ~/gps_ws/src
catkin_create_pkggps_noderoscpp serial
cd ~/gps_ws
catkin_make
```

在和 include 同目录的节点 CmakeList 文件中添加以下内容，包括库和源文件，确保被编译。

```
include_directories(
  include/gps_node/
  ${catkin_INCLUDE_DIRS}
)
```

```
# 将名称保存到 DIR_SRCS 变量
add_executable(gps_nodesrc/serial_port.cpp   src/cJSON.csrc/coordinate_
sys.cpp)
target_link_libraries(gps_node
  ${catkin_LIBRARIES}
)
```

回到 gps_ws 目录，使用 catkin_make 编译。

```
[25%] Linking CXX executable "/home/lid/ros/gps_ws/devel/lib/gps_node/
gps_node"
[100%] Built target gps_node
lid@lid-VirtualBox:~/ros/gps_ws$lid@lid-VirtualBox:~/ros/gps_ws$ source
devel/setup.bash
lid@lid-VirtualBox:~/ros/gps_ws$ rosrungps_nodegps_node
```

在浏览器中输入设备的 IP 地址，找到地图网页，就可以看到定位了。

12.5   发布 imu node

本节采用的是串口 imu 模块，可以采集角度、加速度等数据，然后发布到 IMU_
data 的话题上。

首先输入以下指令，创建 imu_ws，即 imu 的工作空间（workspace）。

```
lid@lid-VirtualBox:~ $ mkdir  -p  imu_ws/src
lid@lid-VirtualBox:~ $ cd  imu_ws/src
```

使用 catkin_create_pkg 创建需要依赖的包和节点，节点名称为 imu_node，后面的参
数为依赖的库。

```
lid@lid-VirtualBox:~  /imu_ws$  catkin_create_pkgimu_nodestd_
msgsROSpyROScpp serial
Created file imu_node/package.xml
Created file imu_node/CMakeLists.txt
Successfully created files in /home/lid/share/book/app/imu_ws/src/imu_
node. Please adjust the values in package.xml.
```

使用 cd 指令切换到 src 路径下，在 imu_node 文件夹下的 CMakeList 文件中添加库
链接，确保使用动态库。

```
add_compile_options(-std=c99)
aux_source_directory(./src  DIR_SRCS)
add_executable(imu ${DIR_SRCS} )
target_link_libraries(imu  ${catkin_LIBRARIES})
```

回到 imu_ws 目录，使用指令 catkin_make 进行编译。Imu_node.cpp 的部分代码可
参考以下代码。

```
01    while(ros::ok())
02    {
03    // 循环读取 IMU 数据
04    usleep(imu->IMUGetPollInterval()*1000);
05    // 延迟 usleep(96500);
06    float angle_roatation=0;
07    while(imu->IMURead())
08    {
09    RTIMU_DATA imuData=imu->getIMUData();
10    sampleCount++;
11    rollAngle=imuData.fusionPose.x()*(180/ M_PI);
12    pitchAngle=imuData.fusionPose.y()*(180/ M_PI);
13    heading=imuData.fusionPose.z()*(180/ M_PI);
14    accelX=imuData.accel.x()*10;     //m/s^2
15    accelY=imuData.accel.y()*10;     //m/s^2
16    accelZ=imuData.accel.z()*10;     //m/s^2
17    gyroX=imuData.gyro.x()*100;      //degrees/sec
18    gyroY=imuData.gyro.y()*100;      //degrees/sec
19    gyroZ=imuData.gyro.z()*100;      //degrees/sec
20    sensor_msgs::Imuimu_data;
21    imu_data.header.stamp=ros::Time::now();
22    imu_data.header.frame_id=" base_link";
23    // 线加速度
24    imu_data.linear_acceleration.x=accelX;
25    imu_data.linear_acceleration.y=accelY;
26    imu_data.linear_acceleration.z=accelZ;
27    // 角速度
28    imu_data.angular_velocity.x=gyroX;
29    imu_data.angular_velocity.y=gyroY;
30    imu_data.angular_velocity.z=gyroZ;
31    IMU_pub.publish(imu_data);
32    ros::spinOnce();
33    loop_rate.sleep();
34    }
```

通过 rostopic echo /IMU_data 查看发布话题的具体消息。为了更形象地显示 IMU 姿态，可以下载 rviz_imu_plugin 插件并安装。最终效果如图 12-5 所示。

12.6　STM32 通信 node

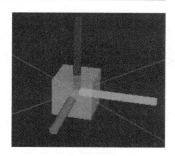

图 12-5　IMU 效果图

一般简单的机器人设计中，机器人移动底座通过串口与 ROS 主控系统交互通信，一种情况是 ROS 主控系统通过发布线速度、角速度等信息控制移动底座按既定要求运动；移动底座通过串口实时上传机器人位置、运动角度等信息到 ROS 主控系统。移动底座接收 ROS 主控系统发布过来的运动控制命令，包括线速度、角速度等信息，通过校验成功后开始执行指令。移动底座实时上传机器人运动参数，包括位置、速度、角速度等信息。另一种情况是 ROS 主控系统完成线速度和角速度的计算，并转换成底座电动机两边的 PWM 值，然后将 PWM 值发送给机器人底座，机器人底座收到 PWM 值后直接执行，并通过定时器读取两个轮子的编码值，将两个轮子的编码值传送给 ROS 主控系统，由主控系统完成里程计的计算、PID 的调节等。笔者根据上述情况自定义通信格式，ROS 主控系统通过发布线速度、角速度等信息控制移动底座按既定要求运动；移动底座通过串口实时上传机器人位置、运动角度等信息到 ROS 主控系统。移动底座接收 ROS 主控系统发布的运动控制命令，包括线速度、角速度等信息，通过校验成功后开始执行指令。移动底座实时上传机器人运动参数，并通过定时器读取两个轮子的编码值，将两个轮子的编码值传送给 ROS 主控，由主控完成里程计的计算等。

以两轮差速机器人底座为例，移动底座只接收 x、y 两个方向的线速度，以及一个绕 z 轴的角速度；针对两轮的移动底座，仅需要设计两轮的里程计运动学解析函数，由于不是全向运动，所以横向 y 轴的运动可以不考虑。以便将线速度与角速度转变成电动机运动指令，从而控制电动机运动。ROS 主控系统中实现一个节点，该节点订阅 cmd_vel 话题，并将该话题转变成 x 方向的线速度，以及一个绕 z 轴的角速度，通过串口发送到移动底座，即发送给 STM32；另外该节点还需要发布导航需要的 odom 消息，这个消息需要移动底座提供，通过 STM32 的串口发送机器人的位置、速度、偏航角等信息，经过特殊的变换之后再发布。

STM32 使用的是 STM32 F1 系列，为了便于调试，选择 STM32 的串口 1 作为调试串口，打印一些调试信息；使用 STM32 的串口 3 作为与 ROS 通信的端口；调试串口的波特率设置为 9600；串口 3 的波特率设置为 115200，可以开启一个定时器，在一定时间内判断是否超时，来间接地判断一帧数据是否完成。

关于里程计运动学的一些定义如下：

- *x*-position：机器人实时 *x* 坐标位置。
- *y*-position：机器人实时 *y* 坐标位置。
- *x*-velocity：机器人实时 *x* 坐标方向速度。
- *y*-velocity：机器人实时 *y* 坐标方向速度。
- angular velocity：机器人当前角速度。

串口发送的数据格式，即移动底座接收数据包的格式，可以定义为：

HEAD_H	HEAD_L	Length	V_x	V_y	A_v	CRC
0xFF	0XFF	Unsigned char	float	float	float	Unsigned char

其中，V_x(velocity_x) 表示 *x* 方向的线速度，V_y(velocity_x) 表示 *y* 方向的线速度，A_v(angular_v) 表示绕 *z* 轴的角速度，因为移动底座为贴地面运行，因此只有绕 *z* 轴的

角速度，数据发送的总长度 Length 为 15 字节。同样按照上述的约定，串口接收的数据格式，即移动底座发送的数据包格式，可以定义为：

HEAD_H	HEAD_L	R_encoder	L_encoder	CRC
0xAA	0xAA	int	int	Unsigned char

在 ROS 端，则需要设计一个 ROS 节点，该节点订阅 cmd_vel 话题，并发布 odom 消息；解析订阅的 cmd_vel 话题，转变成线速度以及角速度参数，通过串口发送至移动底座；并实时监听串口发送的编码数据等信息，整合成 odom 消息格式发布出去。因为串口发送的是 16 进制数据，因此涉及浮点数与 4 字节的转换，可以直接读内存实现：通过共用体获取浮点与 4 字节之间的转换。

```
typedefunion{
float fv;
uint8_t cv[4];
}float_union;
```

ROS 节点文件名为 my_serial_node，将源文件解压放置在 ~/catkin_ws/src 目录下，回到 ~/catkin_ws 目录进行编译，该节点需要使用 serial 库，可使用 clone [serial](https://github.com/wjwwood/serial) 命令复制至本地，并与 my_serial_node 放置在同一级目录即可，回到 ~/catkin_ws$ 目录进行编译，指令如下：

```
$catkin_make
```

之后会生成 my_serial_node 节点，如果提示串口打不开，需要修改串口权限，指令如下：

$sudo chmod a+x /dev/ttyUSB0

实际使用时 ttyUSB0 需要修改为本人计算机对应的串口。

测试时打开 3 个终端，分别运行

```
$roscore
$rosrunmy_serial_nodemy_serial_node
$rosrunturtlesimturtle_teleop_key
```

此时可以通过键盘方向键发送运动命令，可以在终端窗口查看信息的发布。

如果想查看底层获取的信息，可以修改源码，添加打印信息，也可以在终端输入以下命令查看：

```
$rostopic echo /odom
```

本次设计的代码使用键盘模拟发布 cmd_vel 消息，在实际使用时可以用导航功能包代替。移动底座手动添加了一些模拟里程计信息，实际可以从移动底座实时获取。

此时可以通过键盘方向键发送运动命令，在终端窗口查看信息的发布，STM32 端可以手动为某些位置、速度等设置固定值，可以用另一台计算机连接 STM32 的调试串口，按向上的方向键模拟向前运行，可以清晰地看到 STM32 收到的线速度 *x* 方向为 0.6，相应的也可以看到 ROS 的输出信息，在终端输入“rostopic echo /odom”指令查看里程计信息，如图 12-6（a）所示。在 STM32 端给定的移动底座的实时位置、速度信息如图 12-6（b）所示。

```
pose:
  pose:
    position:
      x: 2.68000006676
      y: 3.96000003815
      z: 0.0
    orientation:
      x: 0.0
      y: 0.0
      z: 0.479425538604
      w: 0.87758256189
  covariance: [0.0, 0.0, 0.0, 0.0, 0.0, 0.0, 0.0, 0.0, 0.0, 0.0, 0.0, 0.0, 0.0, 0.0, 0.0,
 0.0, 0.0, 0.0, 0.0, 0.0, 0.0, 0.0, 0.0, 0.0, 0.0, 0.0, 0.0, 0.0, 0.0, 0.0, 0.0, 0.0, 0.0
, 0.0, 0.0, 0.0]
twist:
  twist:
    linear:
      x: 0.600000023842
      y: 0.0
      z: 0.0
    angular:
      x: 0.0
      y: 0.0
      z: 2.0
  covariance: [0.0, 0.0, 0.0, 0.0, 0.0, 0.0, 0.0, 0.0, 0.0, 0.0, 0.0, 0.0, 0.0, 0.0, 0.0,
 0.0, 0.0, 0.0, 0.0, 0.0, 0.0, 0.0, 0.0, 0.0, 0.0, 0.0, 0.0, 0.0, 0.0, 0.0, 0.0, 0.0, 0.0
, 0.0, 0.0, 0.0]
```

（a）

```
//测试
void data_pack(void)
{

  com_x_send_data.x_pos.fv = 2.68;//x坐标
  com_x_send_data.y_pos.fv = 3.96;//y坐标
  com_x_send_data.x_v.fv  = 0.6;//x方向速度
  com_x_send_data.y_v.fv = 0.0;//y 方向速度
  com_x_send_data.angular_v.fv = 2.0;//角速度 绕z轴
  com_x_send_data.pose_angular.fv = 1.0;//yaw偏航角
```

（b）

图 12-6　里程计模拟测试

至此，已经完全实现了 STM32 的串口与 ROS 的数据交互，并且测试成功，实际使用时，只要添加对应的移动底座，使用运动学（里程计模型）解析即可。

12.7　Qt for ROS 界面

ROS 已经做了 Qt 的兼容，这样就可以使用图形界面开发 ROS 程序，但是在 ROS for Qt 的包中依旧调用的是 Qt 4，而 Qt 5 存在一些变化，所以需要手动修改。

使用 Qt 时请确保安装了 Qt creator，Qt creator 是 Qt 的开发集成工具。笔者使用的是 Qt 5.9、Qt creator 4.8。

通过指令可以查看 ros-melodic-qt- 有哪些可用的包。输入 sudo apt-get install ros-melodic-qt- 后持续按 Tab 键，可以出现 melodic 可用的 Qt 包。

```
lid@lid-VirtualBox:~/test_qt_ws/src$ sudo apt-get install ros-
melodic-qt-
ros-melodic-qt-build              ros-melodic-qt-gui-py-common
ros-melodic-qt-create             ros-melodic-qt-paramedit
ros-melodic-qt-dotgraphros-melodic-qt-paramedit-dbgsym
ros-melodic-qt-guiros-melodic-qt-qmake
ros-melodic-qt-gui-app            ros-melodic-qt-ros
ros-melodic-qt-gui-core           ros-melodic-qt-tutorials
ros-melodic-qt-gui-cppros-melodic-qt-tutorials-dbgsym
ros-melodic-qt-gui-cpp-dbgsym
```

需要安装的有 ros-melodic-qt-create 和 ros-melodic-qt-build，输入 install 指令：

```
lid@lid-VirtualBox:~/test_qt_ws/src$ sudo apt-get install ros-melodic-
qt-create
lid@lid-VirtualBox:~/test_qt_ws/src$ sudo apt-get install ros-melodic-
qt-build
```

安装完成后，输入 catkin_，持续按 Tab 键，出现 catkin_create_qt_pkg 说明安装成功，可以使用 catkin_create_qt_pkg 创建 qt 的包。

```
lid@lid-VirtualBox:~/test_qt_ws/src$ catkin_
catkin_create_pkgcatkin_init_workspacecatkin_tag_changelog
catkin_create_qt_pkgcatkin_makecatkin_test_changelog
catkin_findcatkin_make_isolatedcatkin_test_results
catkin_find_pkgcatkin_package_versioncatkin_topological_order
catkin_generate_changelogcatkin_prepare_release
```

创建测试工作空间。

```
lid@lid-VirtualBox:~ $ mkdir  -p  test_qt_ws/src
lid@lid-VirtualBox:~ $ cd   test_qt_ws/src
```

接下来使用 catkin_create_qt_pkg 创建包。

```
lid@lid-VirtualBox:~/test_qt_ws/src$ catkin_create_qt_pkgimuroscpprospy
Created qt package directories.
Created package file /home/lid/test_qt_ws/src/imu/src/main_window.cpp
Created package file /home/lid/test_qt_ws/src/imu/src/qnode.cpp
Created package file /home/lid/test_qt_ws/src/imu/src/main.cpp
Created package file /home/lid/test_qt_ws/src/imu/ui/main_window.ui
Created package file /home/lid/test_qt_ws/src/imu/include/imu/main_
window.hpp
Created package file /home/lid/test_qt_ws/src/imu/CMakeLists.txt
Created package file /home/lid/test_qt_ws/src/imu/resources/images.qrc
Created package file /home/lid/test_qt_ws/src/imu/package.xml
Created package file /home/lid/test_qt_ws/src/imu/include/imu/qnode.hpp
```

```
Created package file /home/lid/test_qt_ws/src/imu/mainpage.dox
Please edit imu/package.xml and mainpage.dox to finish creating your
package
lid@lid-VirtualBox:~/test_qt_ws/src$
```

出现上述打印表示创建成功，然后执行 catkin_make 命令。

```
lid@lid-VirtualBox:~ $ cd  ..
lid@lid-VirtualBox:~ $ catkin_make
```

正常情况下会报错，因为 ROS 的 Qt 版本是 Qt 4，所以需要修改 CMakeLists.txt 文件。修改后的结果如下：

```
01    cmake_minimum_required(VERSION 2.8.0)
02    project(imu)
03    set(CMAKE_INCLUDE_CURRENT_DIR ON)
04    set(CMAKE_CXX_FLAGS "-std=c++11 ${CMAKE_CXX_FLAGS}")
05    find_package(catkin REQUIRED COMPONENTS qt_buildroscpp)
06    find_package(Qt5 REQUIRED Core Widgets)
07    set(QT_LIBRARIES Qt5::Widgets)
08    include_directories(${catkin_INCLUDE_DIRS})
09    catkin_package()
10    file(GLOB QT_FORMS RELATIVE ${CMAKE_CURRENT_SOURCE_DIR}ui/*.ui)
11    file(GLOB QT_RESOURCES RELATIVE ${CMAKE_CURRENT_SOURCE_DIR}
      resources/*.qrc)
12    file(GLOB_RECURSE QT_MOC RELATIVE ${CMAKE_CURRENT_SOURCE_DIR} FOLLOW_
      SYMLINKS include/imu/*.hpp)
13    QT5_ADD_RESOURCES(QT_RESOURCES_CPP ${QT_RESOURCES})
14    QT5_WRAP_UI(QT_FORMS_HPP ${QT_FORMS})
15    QT5_WRAP_CPP(QT_MOC_HPP ${QT_MOC})
16    file(GLOB_RECURSE QT_SOURCES RELATIVE ${CMAKE_CURRENT_SOURCE_DIR}
      FOLLOW_SYMLINKS src/*.cpp)
17    add_executable(imu ${QT_SOURCES} ${QT_RESOURCES_CPP} ${QT_FORMS_
      HPP} ${QT_MOC_HPP})
18    target_link_libraries(imu ${QT_LIBRARIES} ${catkin_LIBRARIES})
19    install(TARGETS imu RUNTIME DESTINATION ${CATKIN_PACKAGE_BIN_
      DESTINATION})
```

其中，第 3、4、6、7 行是手动添加后的内容。第 13、14、15 行中的 QT4 改为了 QT5。最后修改 src/imu/include/imu/main_window.hpp 的头文件，将 #include <QtGui/QMainWindow> 改成 #include <QtWidgets/QMainWindow>。然后重新执行 catkin_make 命令，编译结果如图 12-7 所示。

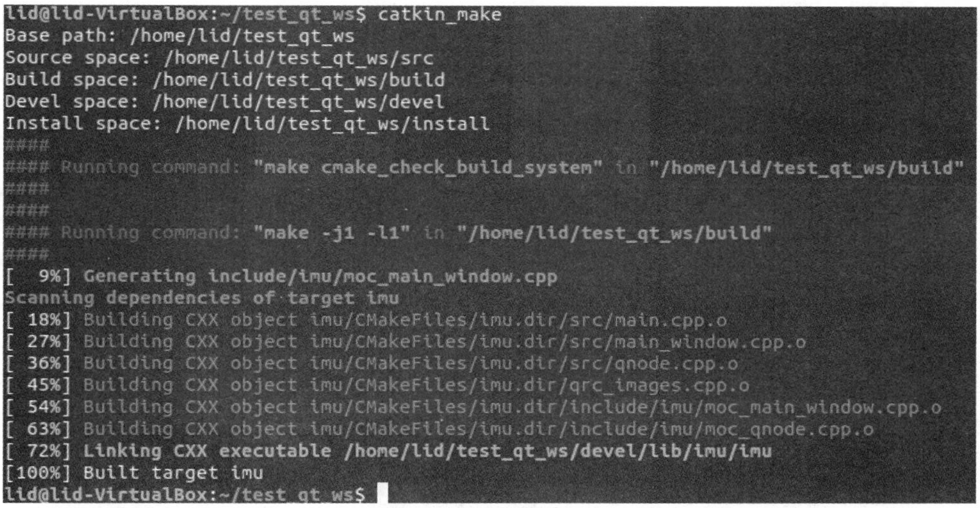

图 12-7　编译结果

最后执行 source 指令配置环境。

```
lid@lid-VirtualBox:~/test_qt_ws$ source devel/setup.bash
lid@lid-VirtualBox:~/test_qt_ws$ rosrunim
image_transport  imu
lid@lid-VirtualBox:~/test_qt_ws$ rosrunimuimu
```

执行结果如图 12-8 所示。

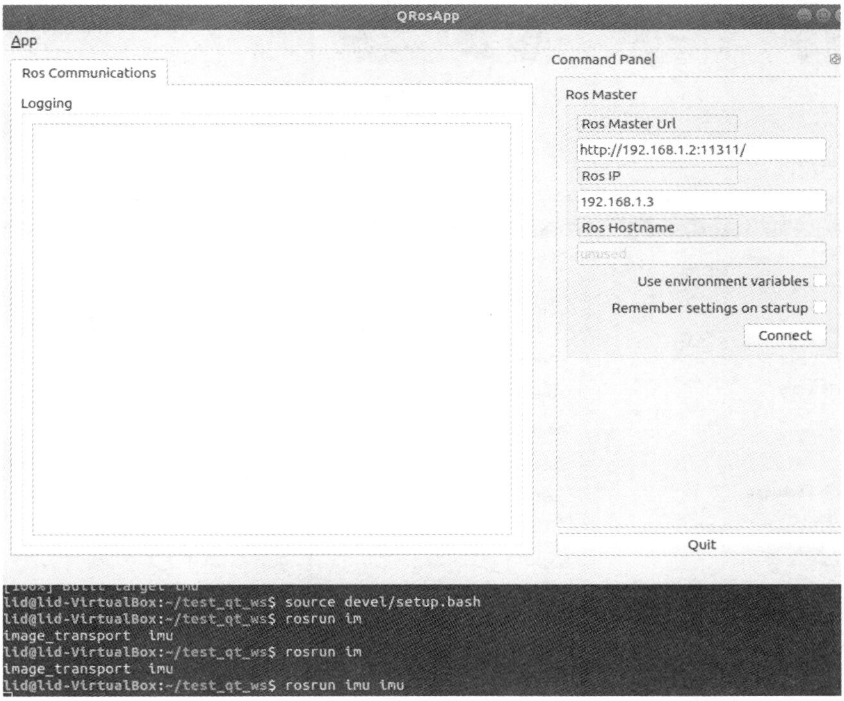

图 12-8　执行结果

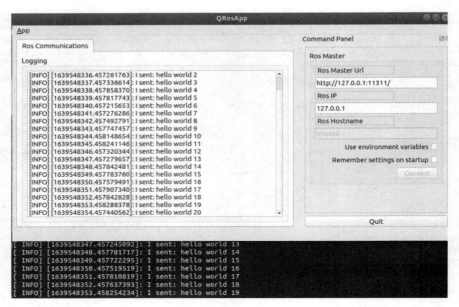

图 12-8　（续）

接下来使用 Qt 打开工程，选择 File 选项，出现如图 12-9 所示的对话框。

图 12-9　选择文件

设置完路径后单击图 12-10 中的 Configure Project 按钮编译项目。

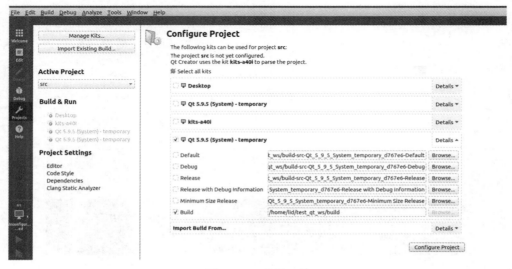

图 12-10　配置工程

项目编译成功后，就可以在窗口左边的 Project 下看到完整的工作空间，如图 12-11 所示。

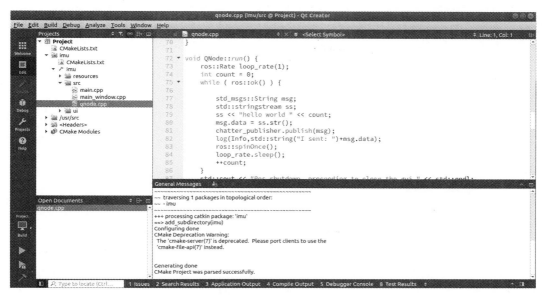

图 12-11　工作空间查看

单击图 12-12 中左侧的▶图标，运行后与图 12-8 的效果一样，如图 12-12 所示。读者可依据自己的喜好搭建。

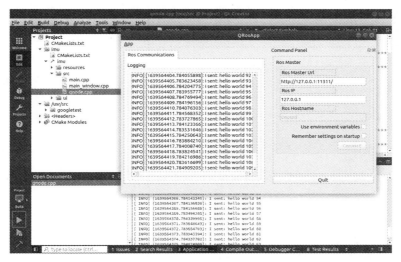

图 12-12　效果展示

12.8　本章总结

本章简单介绍 ROS 的发展情况和安装步骤，然后举例说明 ROS 下节点的开发等内容。